幸福的杯子美食

【韩】金贞姬 著　千太阳 译

中国大百科全书出版社

图字：01-2016-1355
"Cup Baking & Cup Dessert" by Kim JungHee

图书在版编目（CIP）数据

幸福的杯子美食 /（韩）金贞姬著；千太阳译．--
北京：中国大百科全书出版社，2016.4
ISBN 978-7-5000-9863-8

Ⅰ.①幸… Ⅱ.①金… ②千… Ⅲ.①甜食—食谱
Ⅳ.①TS972.134

中国版本图书馆 CIP 数据核字（2016）第 070727 号

策 划 人：孙 静
责任编辑：余 会
责任印制：魏 婷

中国大百科全书出版社 出版发行
（北京阜成门北大街17号 邮政编码：100037 电话：010-88390695）
网址：http://www.ecph.com.cn
新华书店经销
北京地大天成印务有限公司印刷
开本：787毫米×1092毫米 1/16 印张：10.75
2016年5月第1版 2016年5月第1次印刷
ISBN 978-7-5000-9863-8
定价：32.00元
本书如有印装质量问题，可与出版社联系调换

序言

用“风儿花和松树”的笔名撰写博客的时间已经长达7年。

最初，我只是想将按照自己的兴趣制作的面包、饼干的照片和松树先生拍摄的关于野花的照片上传到博客。撰写博客伊始，我对上传照片和如何运营博客都不是十分熟悉，但现在我的博客却有众人光顾，成为了我对大家表示谢意的地方。在运营博客的过程中开始的料理功课、曾经制作过的面包和饼干、酷热难耐的夏天站在热气腾腾的烤箱和煤气灶前度过的时光……一到周末就与松树先生一起去郊外采摘野花的点滴幸福，与家人分享美味料理和糕点的快乐，等等，从某种意义上说，博客给了我一个开始新的生活的机会。

这些年我走过很多地方，无论是在日本，抑或是在美国，每当我看到摆放在超市橱窗里的那些精致的茶杯糕点和茶杯蛋糕的时候，不禁赞叹连连。我欣赏着用多种水果制作而成的芭菲、布丁、慕斯、巧克力、茶杯蛋糕等，那时我只有一个想法，那就是如果自己能亲自动手试一试该多好啊。虽然我没有上过一天的料理课程，虽然我不能做出和酒店里的那些精美的糕点相媲美的甜点，但是我却一直想制作出每个人都能轻轻松松制作出来的美味甜点。

我从甜品店拍了很多照片，并将这些照片中的糕点作为参考，开始自己学着为糕点做一些装饰和点缀。有时候我也会心血来潮去名气很大的面包店买几种刚刚推出的甜点，回到家之后便摩拳擦掌亲自尝试制作一下。

甜品店里所售的茶杯甜点和茶杯烘焙几乎都价格不菲。现在好了，我再也不用担心这个问题了，我可以在家中利用健康食材轻轻松松地制作出一些甜点。不需要接受专业培训，只要我们稍微知道一些关于茶杯甜点的基本知识，我们就能运用自如，这正是茶杯甜点的魅力所在。

我很幸运，因为我能在婆婆家拿到不使用任何农药的蔬菜和水果。用健康的绿色食材制作而成的、不添加任何化学调味剂的食品才是最让人难以忘怀的。

现在，饭后的甜点成为了我们生活中不可或缺的一部分。正餐过后，我起码要喝一杯咖啡才能感到舒坦。很久以前，我们的祖先便懂

得享受甜米露和柿饼、蜜饯、水果甜茶等既健康又美味的糕点了。如今，我们的生活中也少不了各种纪念日甜点等。在忧郁的时候，甜美的糕点会给予我们莫大的安慰；而在酷热的天气里，刨冰、果子露、冰淇淋等甜点则会给予我们充沛的活力。

还等什么，从现在开始为自己所爱的人挑战一下吧，亲自动手为他们制作健康的糕点。我没有经过专业的培训，也没有系统地学习过制作糕点，但在经过多次的研究和失败之后，积累了很多经验，并在此基础上写作了本书。如果本书能给大家带去哪怕是一点点的帮助，我就已经很知足了。在此，非常感谢给我这个机会的出版社，同时也感谢一直鼓励我、支持我的松树，谢谢！

2013 年 4 月

风儿花和松树 金贞姬

目 录

第一部 酸酸甜甜的水果多多

第一章 具有清爽魅力的茶杯甜点

柔软丝滑的茶杯甜点

酥脆清凉的茶杯甜点

第二部 健康的蔬菜多多

清淡可口的茶杯甜点

让人唇齿留香的茶杯烘焙

第三部
健康美味的零食

最基本的甜点

布丁

不需要烤箱的布丁

牛奶布丁是一种最简单、基本的布丁，是将胶粉溶化后再加入牛奶和白糖制作而成的。

❶ 将胶粉溶于水中。
❷ 在水里加入牛奶和白糖，加热直至快要沸腾。
❸ 将胶粉溶液放进去，冷却后倒入杯子或者瓶中硬化。

用烤箱制作的布丁

这种布丁以奶油和蛋黄为原料，放入烤箱烤熟即可。既可以冷却后食用，也可以趁热食用。经常用于制作口感细腻的巧克力布丁。

❶ 将奶油和白糖倒入小锅中，用温火加热，直至熔化。
❷ 待白糖熔化后放入巧克力，加热至溶化。
❸ 在碗中打入鸡蛋，然后把溶化后的巧克力倒进去。
❹ 在碗中放入一大勺朗姆酒，搅拌均匀后倒入杯子中，最后将杯子放入烤箱。

使用平底锅制作的布丁

使用简易的平底锅制作时，要选择较深的平底锅才可蒸熟。

❶ 将面包煎后装在隔热杯里。
❷ 将蛋黄和砂糖打散。
❸ 接着加入牛奶、鲜奶油，充分拌匀。
❹ 再倒入杯中，放入深平底锅中隔着约 2cm 的水加热，即可蒸熟。

果冻

用简单的方法制作孩子们喜欢的果冻。我们既可以用胶粉来制作果冻，又可以用明胶来制作果冻。

利用明胶来制作果冻

❶ 制作果汁果冻。先将明胶浸泡在果汁里。
❷ 在混有明胶的果汁中加入少许白糖，然后用中火加热。
❸ 使浸泡后的明胶在果汁里充分溶化。
❹ 最后，将冷却后的明胶果汁倒入糕点杯里。

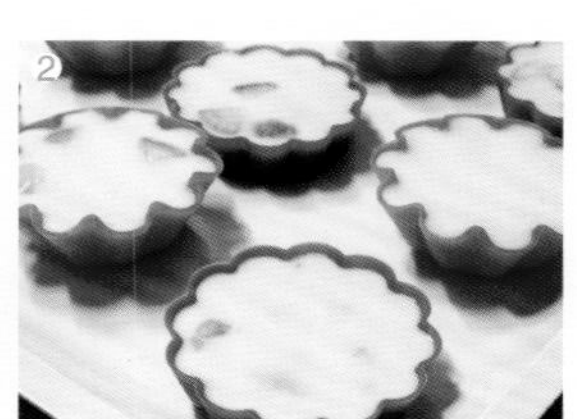

利用胶粉来制作果冻

❶ 制作最简单的牛奶胶粉果冻。在小锅里倒入牛奶和胶粉，一边加热一边摇匀。煮沸之后再用小火煮两分钟，然后放入白糖。
❷ 把喜欢的水果放进模具里，接着将冷却后有些黏稠的牛奶胶倒入模具，待其硬化即可。

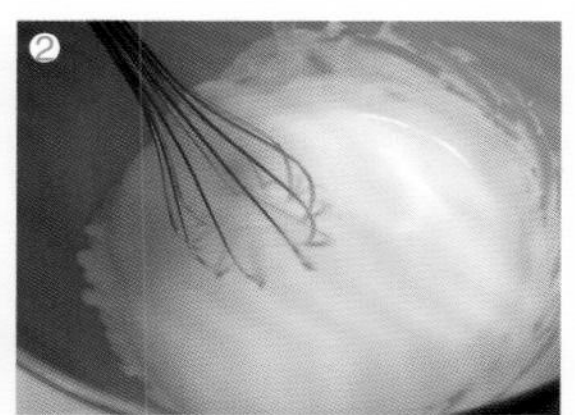

慕斯

是一款用奶油或蛋清制作而成的口味略为清淡的甜点。

酸奶慕斯

❶ 在小锅里放入牛奶和白糖，加热直至沸腾，再放入明胶将其溶化。
❷ 在另一个碗里放入奶油，搅拌直到出现泡沫。
❸ 放入原味酸奶，并搅拌均匀。
❹ 用冰块冷却放入明胶的牛奶，然后将其倒入已放入水果的糕点茶杯里，待硬化即可。

冰淇淋

一种以奶油、酸奶、牛奶等为主要原料的甜品。以下是用牛奶制作最简单的冰淇淋的方法：

❶ 将自己喜欢的水果和牛奶、炼乳倒入搅拌机中，搅拌之后再倒入密闭容器中冷冻。
❷ 当其边缘开始冷冻的时候，取出来用叉子刮一刮。

茶杯芝士蛋糕

不需烘烤，而直接冷却硬化的芝士蛋糕是一种极具人气的甜点。

❶ 先将明胶浸泡在水中备用。
❷ 将奶油搅拌成酸奶状。在另一个碗中放入常温的乳状芝士。
❸ 把泡好的明胶放入乳状的芝士里，加热后再放入柠檬汁和奶油。
❹ 将其倒入盛有水果的糕点茶杯里。

羊羹

是一款多年来一直深受人们喜爱的甜点，制作方法非常简单。

❶ 将胶粉浸泡 20 分钟左右。
❷ 将泡好的胶粉加热，并加入一些白糖。
❸ 将淀粉溶于水之后倒入胶粉中，边摇匀边加热 15 分钟。
❹ 往里面加入一些糖稀和蜂蜜，然后再将其倒入羊羹模具里进行冷却和硬化。

小蛋糕

作为英国最具代表性的甜点，是一种在玻璃碗里放入一些水果、奶油、卡斯特拉、酒精等的凉爽甜点。在制作过程中，可以用多种食材展现自己的个性。

❶ 先将水果切成大小适中的块状。
❷ 接着将卡斯特拉切成一口的大小 。
❸ 按顺序依次将水果、卡斯特拉、奶油放入碗里。
❹ 最后，用水果为蛋糕做点缀。

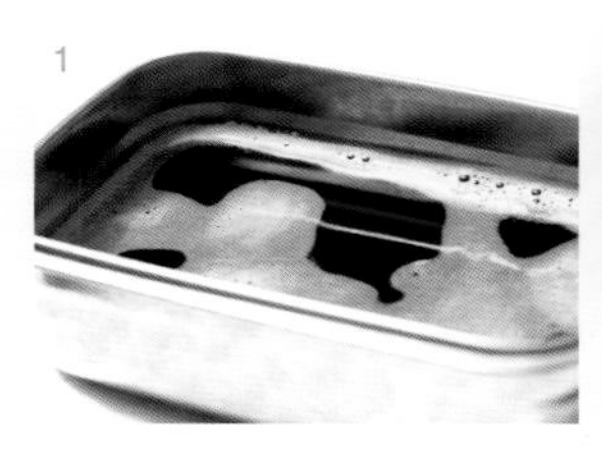

格兰尼塔冰糕

是一种起源于西西里岛的甜点，是以水果和白糖、葡萄酒为原料的冷冻食品，制作方法多样。

❶ 制作浓咖啡格兰尼塔冰糕时，只需在浓咖啡中加入白糖再进行冷冻即可。
❷ 当其边缘差不多冷冻一半的时候，用叉子刮一刮，使其形成较大的冰颗粒。

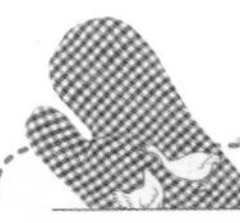

制作甜点时所使用的食材

鸡蛋　是烘焙或者制作甜点时所需要的重要食材，尤其是想制作出口感细腻或泡沫丰富的糕点时可以使用鸡蛋。但需要提醒大家一点的是，在选择鸡蛋时最好选择有机鸡蛋。

明胶（粉状明胶，板状明胶）　由从动物和鱼类的胶原蛋白中提取的蛋白质制成，是制作果冻或硬化甜点的主要原料。明胶的弹性要强于胶粉。

无糖椰果粉　用于烘焙和制作甜点。需要用不添加白糖的无糖椰果粉。

白糖　用于搅拌奶油或制作玛德琳。

大粒白糖　是一种能起到装饰作用的颗粒较粗的白糖。

坚果类（开心果和杏仁）　主要用于烘焙或起到点缀作用。用小火炒上片刻，就会香气四溢。

香草蔗糖　是一种可以替代香草豆而使用的糖类，是将香草豆浸泡在糖水里而制成的。

柠檬汁　可以代替柠檬，使用起来也更加方便。制作甜点的时候使用柠檬汁，能够防止水果的氧化。

原味酸奶　酸奶的一种，比较黏稠，没有甜味，是制作冰淇淋、意式冰淇淋、慕斯的主要原料。

巧克力　是用来做饼干的巧克力，用于制作巧克力或巧克力甜点。根据成分的含量可以将其划分为黑巧克力和白巧克力。

胶粉　由海藻类石花菜制成，主要用于制作羊羹、果冻等甜品。胶粉不含热量，而且能有效预防便秘和关节炎。胶粉的弹性要小于明胶。

有机黑糖　用于制作深色的饼干或甜点，有时可以代替白糖。

细砂糖粉　是一种制作脆皮饼干或撒在甜点上面的颗粒较为美观的白糖，是混合了白糖和淀粉之后搅碎的食材。

掼奶油和奶油　做出泡沫制作糕点或制作奶油料理的时候使用。乳油含量为 100% 的奶油味道最佳。

水果干（葡萄干、半干燥的无花果等）　是一种风干了的糖度较高的水果。直接使用会吸收大量的水分，所以在使用之前要用朗姆酒或葡萄酒处理一下。

枫糖浆　是一种用枫树的树汁熬制而成的糖浆，可用于制作多种甜品。

奶油芝士　芝士的一种，特点是又香又酸又柔软。是制作芝士蛋糕、茶杯芝士蛋糕等甜点或烘焙的主要原料。

巧克力酒　叫做咖咖奥的巧克力酒。用于制作巧克力甜点或者烘焙。

咖啡酒　叫做贾璐的有咖啡香味的墨西哥咖啡酒。用于制作咖啡甜点或者烘焙。

朗姆酒　蒸馏酒，是以甘蔗汁为原料而制成的一种酒，可以用来处理水果干，也可以用来制作甜点或蛋糕。

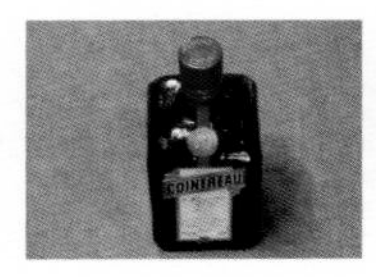

橙汁酒　叫做库英特的法国产橙汁酒。可以消除鸡蛋的味道，用于制作甜点或者烘焙。

绿茶粉　是用绿茶研磨而成的一种细粉，既美观又有香气。是制作果冻、布丁、羊羹等多种甜点和烘焙的原料。

制作甜点时所使用的工具

称　本书中所使用的称是可精确测量 1g 单位的电子秤。把容器放上去，归零后可以称东西。

搅拌机　可以用来搅拌奶油或制作玛琳的时候用来搅拌蛋清，能大大节省时间，而且使用它能得到较为坚硬的玛琳。

刷子　在为甜点做装饰的时候用来刷水果酱，或给面包和面团刷鸡蛋清的时候使用。

计量杯　是一种容量为 200ml 的杯子，杯子里面和外面都有刻度线。

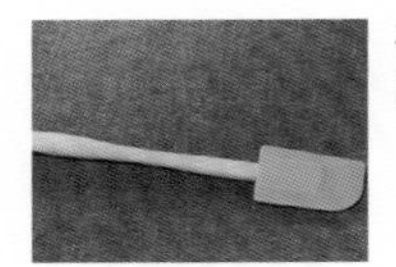

硅胶饭勺　搅拌浆或者干净地舀出浆的时候使用。

布丁碗　一种陶瓷碗，可用于烤箱。

泡沫机　用来将原料打出泡沫的一种工具。小型的泡沫机可以打出少量的泡沫。

食品加工机　可以将水果做成水果酱，用来制作水果派和浆和面。

计量勺　一小勺和一大勺贴在一起，方便使用。

冰淇淋勺　用来舀出冰淇淋或制作球形饼干。

碗　用来搅拌原料或和面。分大、中、小三种类型。

羊羹模具　可用于制作多种形状的羊羹，也方便羊羹脱落。

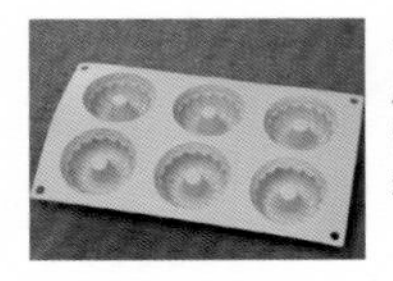

果冻模具　是一种用硅胶制作而成的模具，能方便果冻脱落，在制作多种甜品的时候用来硬化胶粉或明胶。

布丁瓶子　可用来制作牛奶布丁等放入冰箱里保管。

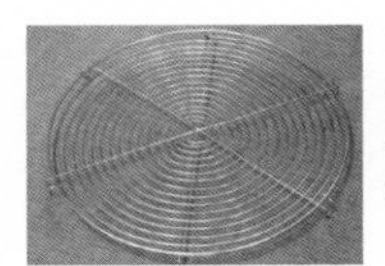

冷却网　用来将烘烤之后的茶杯蛋糕、饼干、面包等冷却，防止其底部潮湿。有四角形和圆形两种形状。

羊皮纸和四边形平底锅　在四角形平底锅上铺上羊皮纸，那么在烘烤面包和饼干的时候就不会粘锅。

饼干套　可以用来制作多种形状的饼干，也可用来制作多种形状的面包。

巧克力杯　一种铝制小杯，用来制作巧克力的形状。

派容器　一种陶瓷容器，有多种大小，可以用来烘烤蛋挞或派。

裱花袋和裱花嘴　裱花袋是一次性的，有多种规格。根据裱花嘴的形状的不同，我们可以制作出多种形状的奶油。

甜品玻璃碗　是一种用玻璃制成的容器，可以看到里面所盛的食物。

小锅　用来蒸巧克力或者牛奶。有把手，使用起来更为方便。

烘焙纸　是一种耐热的纸杯，用来烘焙茶杯蛋糕或者茶杯面包。

筛子　将低筋面粉或发酵粉筛成细粉的时候使用。小的筛子可用于筛一些糖粉、椰果粉、桂皮粉。

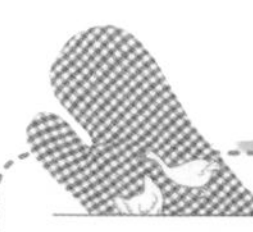

甜点的种类

果冻（jelly）一种半固体状的甜品，用明胶或胶粉制作而成，里面加入了水果、牛奶、果汁等。

布丁（Pudding）一种以鸡蛋、牛奶和白糖等为原料蒸制而成的甜品，里面加入了明胶或粉与水果。

慕斯（Mousse）法语意为泡沫，是将奶油或蛋清打成泡沫而制成的。有巧克力慕斯、水果慕斯等。

芭菲（Parfait）冰淇淋的一种，原料包括水果、掼奶油、糖浆等，而饼干或坚果等则为装饰原料。法语意为“完美”，意思是理想的糕点。

意式冰淇淋（Gelato）起源于意大利的一种冰淇淋。特点是空气含量少而味道浓烈且柔滑，脂肪含量较少。

冻酸奶（Frozen yoghurt）是一种添加了酸奶的冰淇淋。口味酸甜，比一般的冰淇淋脂肪含量少，热量低。里面包括各种水果和蔬菜。

拿铁（Latte）意大利语中是牛奶的意思。除咖啡之外，最近还出现了红薯拿铁、红茶拿铁等添加了牛奶口味比较柔和的饮料。

羊羹　将红豆酱、淀粉、胶粉、白糖等熬制之后制作的日本饼干，原产于中国。可以添加地瓜、绿茶、南瓜等食材。

小蛋糕（Trifle）英国的一种糕点，是一种把蛋糕、水果、乳蛋糕、果冻等盛入玻璃碗里的甜点。也可以用水果和面包来制作。

茶杯芝士蛋糕（Rare cheese cup）是一种将芝士奶油、奶油、原味酸奶等用明胶在茶杯里硬化的糕点，不需要烤箱。用水果做装饰，会使其口味更加清爽。

牛奶巧克力（Bavarois）法国甜点，将多种水果、牛奶、白糖、鸡蛋用明胶硬化制成。味道与口味柔和的布丁十分相似。

果子露（Sherbet）是一种将果汁或水果冷冻的饮料。与冰淇淋相似，口味却比冰淇淋更加柔滑，热量也比冰淇淋低。

格兰尼塔冰糕（Granita）原产于意大利西西里岛，是将水果、白糖等冷冻而制成的。在制作的时候可以使用多种水果，热量较低。

牛奶冻（Blanc-manger）是一种常见的甜品，法语意为“白色食物”，是将牛奶、奶油、白糖用明胶硬化而制成。最初，人们多在其中添加杏仁牛奶或杏仁味的调味剂，但近来也开始使用多种水果。

水果和蔬菜的功效及搭配

用来制作甜品的水果和蔬菜如果搭配得当的话，
就会对我们的身体健康十分有益。
在此，简单介绍一下一些水果和蔬菜的功效及搭配。

水果

橘子

是一种比较常见的水果，所以经常用来制作甜点。由于橘子有着令人赏心悦目的颜色，味道也十分酸甜可口，所以经常用来制作蛋糕、果冻、布丁、芝士蛋糕等甜点。

功效：可预防动脉硬化，对解酒也有一定的效果。富含柠檬酸及维生素A、C等，有助于缓解压力，能治疗呕吐和腹泻。

搭配食物：蜂蜜、核桃

相克食物：螃蟹（性寒的橘子与螃蟹一同食用不利于身体健康）

草莓

鲜美红嫩的草莓用来制作甜点会使甜点看上去更加漂亮，所以是人们在制作甜点时的首选水果。即使草莓只是作为装饰性的食材也是非常不错的，常用来制作蛋挞、布丁、果冻和慕斯等甜点。

功效：富含花色苷和维生素C，被誉为维生素C的宝库。铁的含量也非常丰富，所以对贫血有一定的辅助治疗作用，对预防口腔炎和口臭也有一定的效果。此外，草莓还能防止黑色素的堆积，所以对皮肤十分有益。

搭配食物：黑豆、菠萝、红辣椒、牛奶、醋

香蕉

口味香甜柔软，营养也十分丰富，所以经常用来制作蛋糕和甜点。在制作布丁、慕斯、冰淇淋、蛋挞等甜点时也常起到装饰作用。

功效：能预防便秘、胃溃疡，对抗衰老也有一定的作用。能增强人体的免疫力，所以对预防癌症也有一定的效果。

搭配食物：鸡蛋、草莓、牡蛎、坚果类

菠萝

口味酸酸甜甜，含有能分解蛋白质的菠萝朊酶，所以经常用来制作甜点和肉类料理。

功效：富含维生素B、C，柠檬酸及丰富的膳食纤维，能起到助消化的作用，还可以缓解便秘。此外，菠萝对缓解疲劳也有一定的帮助作用。

奇异果

分为绿色奇异果和黄金奇异果两种，口感酸甜，经常用来制作甜点，比如果子露、格兰尼塔冰糕、小蛋糕、意式冰淇淋、冰棒、蛋挞等。

功效：富含维生素C，能预防感冒和缓解疲劳。含有丰富的膳食纤维、果胶和钾，具有预防成人病的作用，也有助于肉类的消化。

搭配食物：牛肉、大枣

野草莓

制作甜点时最常用的一种水果。可以生食，冷冻之后口味甚佳，在制作蛋挞、果冻、布丁等甜点时能起到装饰作用。

功效：能强肝、明目，还能强化肾功能，有效预防不孕症和阳痿。
搭配食物：枸杞

桑葚

桑树的果实，富含花色苷，含有丰富的葡萄糖、果酸，能预防贫血和防止白发产生，也能提高机体的抵抗力。经常用于制作慕斯、果冻、米糕、饼干等甜点。

蓝莓

一种深紫色的水果，富含花色苷。经常风干后使用，常用来制作英格兰松饼、蛋挞、慕斯、布丁、芝士蛋糕等甜点。

功效：抗氧化作用强；能缓解眼睛的疲劳，改善视力。

葡萄

一种紫色水果，味道酸甜。经常用来制作刨冰、果子露、蛋挞、英格兰松饼等甜点。将葡萄晒干后得到的葡萄干口感酸甜，且嚼劲十足。

功效：利尿，能促进血液循环和骨骼发育，对神经痛、关节炎也能起到一定的治疗作用。
搭配食物：梨、咖喱、野葡萄、酸奶

西瓜

夏天最受人们欢迎的佳果，味道甘、多汁。经常用来制作格兰尼塔冰糕、果子露、果冻、水果甜茶、刨冰等甜点。

功效：利尿，对治疗各种浮肿有一定的效果。能降血压，防治肾病，对缓解疲劳也有一定的作用。
搭配食物：哈密瓜、桃、沙拉
相克食物：油炸类食物（西瓜含有较多水分，会妨碍油炸类食物的消化）

桃

肉质鲜美。多用于制作蛋挞、果子露、英格兰松饼、水果甜茶等甜点，也可用于制作罐头。

功效：能美容、治疗便秘，有助于血液循环和强肝。
搭配食物：酸奶、苹果、菠萝、香蕉
相克食物：鳗鱼、螃蟹、甲鱼（桃中的有机酸会妨碍鳗鱼中的脂肪的分解，能引起腹泻和腹痛）

柿子

口感清脆，富含维生素 C，多生吃。用于制作慕斯、蛋挞、烤面包等甜点。

功效：能润肺化痰和止咳，降低心脏的温度。含有丰富的维生素 A、C，能增强机体的抵抗力。能解酒、解毒和预防晕车。

搭配食物：牛奶、萝卜

相克食物：螃蟹、酒

无花果

经常用来制作蛋挞。如果不是在当季，则会使用无花果干。常用来制作蛋挞、芝士蛋糕、饼干、茶杯蛋糕、三明治等甜点。

功效：富含膳食纤维，能预防便秘，具有消炎解毒的作用。

苹果

一种常见水果，味道清爽，经常带皮食用。常用来制作果冻、果汁、布丁、英格兰松饼、蛋糕等甜点。

功效：含有丰富的钾，有降血压的作用，能预防成人病。可强化胃肠功能，起到助消化的作用。

搭配食物：盐、人参、胡萝卜、卷心菜、南瓜、奇异果

柚子

冬天我们经常食用的柚子，一般不生吃，而是做成柚子蜜饯或直接将柚子果肉用来制作甜点。人们常用柚子蜜饯或果肉制作格兰尼塔冰糕、饼干、布丁、果子露等甜点。

功效：含有丰富的维生素 C，能预防脑出血；能止咳化痰，对头痛、神经痛也有一定的疗效。

搭配食物：枸杞、大酱、萝卜

蔬菜及其他

红薯

含有丰富的膳食纤维，口感柔和，是一种备受人们喜爱的蔬菜。紫薯、南瓜和红薯的颜色可用来制作羊羹、布丁、意式冰淇淋、饼干、甜甜圈等甜点。

功效：能有效预防便秘和成人病。
搭配食物：山药、橘子、泡菜
相克食物：花生、牛肉

南瓜

外表金黄色，是一种健康的减肥食品，深受人们喜爱。是制作布丁、饼干、羊羹、冰淇淋、面包、蛋挞的食材。

功效：富含维生素A、C，可预防结核病，有助于身体健康。
搭配食物：鸡蛋、泥鳅、蜂蜜

番茄

一种健康蔬菜，有多种颜色，营养十分丰富，经常用来制作乳蛋饼、果子露、果冻、面包、饼干等甜点。

功效：能降低血压、预防成人病和老年痴呆。对胃癌也有一定的预防作用。
搭配食物：肉类、洋葱、韭菜、草莓
相克食物：白糖

玉米

味道香甜，嚼劲十足，经常用来制作奶昔、披萨、拔丝、面包等甜点。

功效：能增强胃肠功能，降低血脂。
搭配食物：牛奶、香菇、豌豆、洋葱、豆奶、香蕉。

绿茶

呈现淡淡的绿色，经常直接使用叶子或制成粉末后再使用。常用来制作果冻、羊羹、冰淇淋、汤圆、蛋糕、饼干、面包等甜点。

功效：有助消化的作用，能预防肥胖。

胡萝卜

一种常见蔬菜，颜色鲜艳。主要用于制作茶杯蛋糕、奶昔、乳蛋饼、面包、饼干、果汁、果冻等甜点。

功效：富含膳食纤维，可加强肠胃功能。含有大量的胡萝卜素，能延缓衰老。
搭配食物：食用油、柠檬、豆角
相克食物：黄瓜、卷心菜

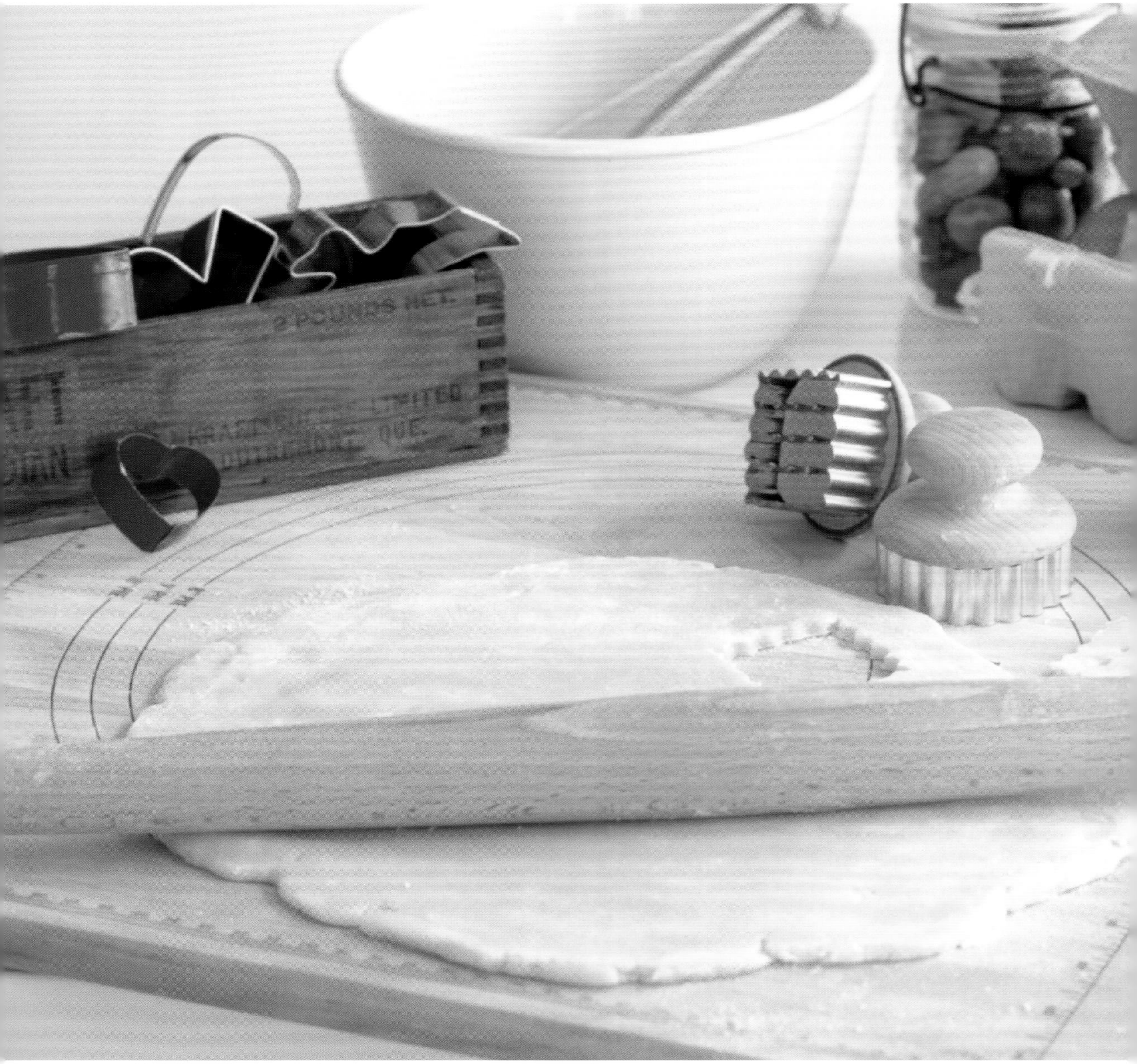
2 POUNDS NET.
LIMITED
QUE.

第一部

酸酸甜甜的水果多多

具有清爽魅力的茶杯甜点

001

草莓牛奶慕斯

选择与草莓搭配的牛奶，制作精美的甜点。

材料 | 5~6 人份

草莓 200g，牛奶 80ml，炼乳 80g，奶油 100ml，明胶粉 5g，水 2 大勺

1 将明胶浸泡在水中。把奶油打成泡沫状，然后将其放置于冰箱中冷藏直至变硬。

2 摘掉草莓蒂，用叉子将草莓碾碎。

3 把牛奶和炼乳倒进小锅里加热，直至沸腾时关火。

4 将浸泡好的明胶放入小锅内并搅拌均匀，再把之前碾碎的草莓倒进去，然后将冷藏的奶油倒进一半，搅拌均匀。

5 接着，再将剩下的一半奶油全部倒进去，并搅拌均匀。

6 将其装入茶杯，并用保鲜膜或盖子密封。将茶杯放置在冰箱中 2 个小时左右，待其硬化后取出来，最后用草莓做一些装饰。

TIP 将明胶放入水中浸泡时，注意不要让其结块。

002

奶茶果冻布丁

利用香浓丝滑的奶茶制作布丁和果冻，享受甜点。

材料 | **茶杯4个**

奶茶布丁（明胶粉5g，水3大勺，牛奶1杯，奶油1杯，白糖40g，红茶包2包），红茶果冻（明胶粉5g，水2小勺，红茶100ml）

1 先把明胶浸泡在水中。

2 将牛奶、奶油和白糖放入锅中加热，直至沸腾时再关火。把红茶包放入锅中浸泡一段时间。

3 将明胶放入尚未冷却的锅中，使明胶溶化。

4 将其分别装入几个杯子，放置于冰箱里冷却。

5 待奶茶布丁硬化之后，将红茶包浸泡在水里再倒入明胶中，制作红茶果冻。

6 在布丁上面撒上一些红茶明胶，再将其放置于冰箱中待硬化即可。

TIP 将发泡的明胶加入热牛奶或红茶时，发泡的明胶不需要蒸熟也可以溶化。

苹果牛奶布丁

一款不需要烤箱的布丁。如果把苹果放在焦糖汁里炖，会更加美味。

材料 | **布丁瓶 5~6 个**

小苹果 1 个，明胶粉 6g，水 3 大勺
牛奶 1 杯，奶油 1 杯，白糖 40g，焦糖汁（白糖 100g，水 1 大勺）

1 先将苹果削皮，按照 5mm×5mm 的大小切成块儿。

2 再把明胶粉倒入水里，溶解 5 分钟。

3 接着，将牛奶、奶油和白糖一同放入锅中用中火加热，待白糖熔化且锅的边缘开始沸腾的时候改为小火，然后把浸泡过的明胶粉放入锅中。

4 等其冷却之后装入布丁瓶中，将布丁瓶放置于冰箱中硬化。

5 在底部较厚的平底锅里放入适量的白糖和水，用中火加热，不断晃动平底锅以使白糖充分熔化，当开始沸腾的时候改为小火。

6 将切好的苹果块儿放入锅中，用中火炖一段时间，冷却后即可放入先前制作的牛奶布丁中。

TIP 在制作焦糖汁的时候，不要使用勺子搅拌白糖，而是要将整个锅端起来颠动。

004

橘汁果冻

用富含维生素 C 的橘子和果汁制作果冻，与家人分享健康的甜点吧。

材料 | **甜点杯 4 个**

橘子 3 个（如果是大个的橘子，两个即可），橘汁 450ml，白糖 2 大勺，明胶粉 6g，橘汁 6 大勺，薄荷叶

1 将橘子剥皮，简单去除果肉上面的橘络。

2 将明胶粉浸泡在 6 大勺橘汁里。

3 在准备好的橘汁里放入 2 大勺白糖，用中火加热，使白糖充分溶化。

4 关火，然后放入明胶，再加热使明胶熔化。

5 待其冷却后分别装入甜点杯子中，将杯子放置于冰箱中硬化。

6 最后将橘子果肉放进去，再硬化即可。

TIP 我们在制作果汁果冻的时候，应将明胶粉倒入果汁里。当果冻稍微开始硬化的时候再把果肉放进去，这样果肉便不会沉到杯子的底部，所以橘汁果冻的口感会更好一些。

005

摩卡咖啡布丁

这是一款具有香浓咖啡味的甜点。
用特浓咖啡杯子制作，与浓浓的咖啡味相得益彰。

材料 | **特浓咖啡杯 4 个**

巧克力 50g，白糖 2 大勺，速溶咖啡 1 大勺，牛奶 1 大勺，蛋黄 3 个，咖啡酒 1 大勺，奶油 1 杯

烤箱：150℃烤 15 分钟

1 将巧克力均匀地分成几个小块，把速溶咖啡倒入牛奶中。

2 将奶油和白糖放入小锅中，用小火加热，使白糖充分溶化。

3 当锅的边缘开始沸腾的时候，关火。将小块儿巧克力放入一个碗里，然后将巧克力熔化。

4 在另一个碗里打入鸡蛋，接着倒入熔化的巧克力中。

5 向盛有巧克力的碗中倒入一些咖啡酒，混合均匀之后过滤。

6 将过滤之后的布丁液分别装进杯子里，将杯子放入平底锅里。向平底锅里倒入一些热水，使水面位于杯子大概 1cm 的位置，加热蒸一会儿。

TIP 向平底锅里倒入一些沸腾的水，然后在烤箱里蒸 15 分钟左右，就能得到口感更加柔和的布丁。

006

野草莓芭菲

用野草莓制作的芭菲是一款既醇香又营养丰富的甜点。

材料 | **芭菲杯1个（2人份）**
野草莓50g，野草莓糖浆，蓝莓几粒，奇异果少许，草莓冰淇淋3勺，掼奶油40g，杏仁少许，玉米片2大勺，维夫饼干

1 在野草莓里放入少许白糖，熬出糖浆。

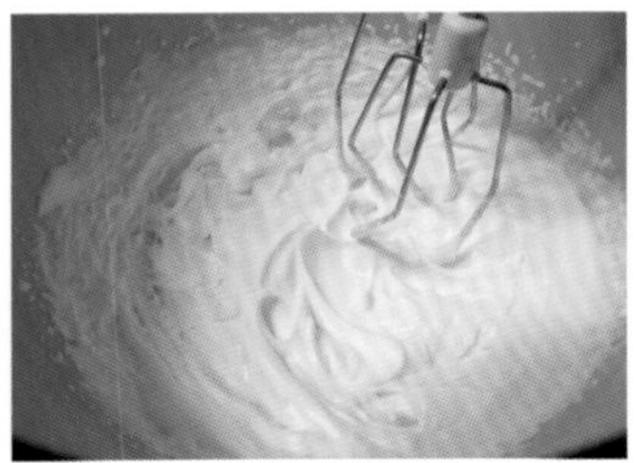

2 将芭菲杯提前放置于冰箱中冷藏。用泡沫机搅拌掼奶油，待其硬化后放置于冰箱中冷藏。

3 将掼奶油装入裱花袋里，然后把一半挤到芭菲杯中。

4 在芭菲杯中放入两大勺玉米片。

5 接着放入野草莓。

6 用草莓冰淇淋、野草莓糖浆、水果为其做装饰，然后再将剩下的一半掼奶油挤到上面，最后插上几块华夫饼干即可。

TIP 芭菲杯要一直置于冷藏室中，直到吃时再拿出来盛装，如此才有常保低温的效果。

007

奇异果草莓布丁

这款布丁烘烤完之后能直接食用。
很适合在乍暖还寒的初春享用。

材料 |
草莓20个，奇异果4个，用布丁和的面（蛋黄3个，软质面粉2大勺、白糖70g，鸡蛋2个，奶油200ml），橙汁酒（也可用朗姆酒或威士忌代替）1小勺，细砂糖少许
准备：较浅的耐热容器4个，烤箱：200℃烘烤12~15分钟

1 摘除草莓上的草莓蒂，切成两半。

2 将奇异果的皮剥掉，按照1cm的厚度切成丁儿。

3 在耐热容器内部均匀涂抹一层黄油，然后撒上一点细砂糖。

4 将草莓和奇异果放入容器内。

5 在碗里放入白糖和用筛子筛过的面粉，混合均匀后放入蛋黄，等白糖完全溶化之后再放入奶油和酒，然后搅拌均匀。

6 将其放入盛有水果的布丁容器内，再将容器放入烤箱里。

TIP 用烤箱烤制的布丁不使用明胶。可以趁热食用的这种水果布丁最好使用当季的水果。

野草莓胶粉果冻

是一种用热量为零的胶粉制作的果冻。胶粉富含矿物质，能降低血脂，对预防成人病也有一定的作用。

材料 |

野草莓 20 个，胶粉 4g+ 水 500ml，白糖 60g，糖稀 3 大勺，水果酒 1 大勺准备：3cm 左右的花瓣形状的模具

1 用清水将野草莓洗净，并将水分沥净。

2 在碗里放入清水和胶粉并加热，沸腾之后再改用小火煮 3 分钟左右。

3 待其冷却后倒入水果酒。

4 在四角形容器里沾一些水，再将胶粉果冻液体以 2cm 的厚度撒入容器中。

5 将野草莓按照相等的间距放入容器中。这时，草莓会浮起来。

6 在常温或将其放入冰箱硬化后，用花瓣模具将果冻切成块状。

TIP 用胶粉制作的果冻的硬化速度会很快，所以制作果冻的失败的概率较低，也有助于减肥。

009

米饭草莓冰糖

使用剩饭的冰糖果。
不仅制作方便，而且十分耐嚼，味道也非常不错。

材料 | **迷你冰糖果 24 个**
米饭 100g，草莓 110g，水 100ml，黄糖 5 大勺，油菜籽油 2 小勺

1 将草莓清洗干净。

2 准备 1 碗米饭、水和油菜籽油。

3 在小碗里放入水、米饭、糖，然后用中火加热，等待其冷却。

4 煮好的饭放冷后，再放入草莓、油菜籽油。

5 用搅拌机搅拌均匀。

6 将其装入模具里，等待硬化。

TIP 可以使用多种水果。

010

草莓白巧克力慕斯

用甜蜜的白巧克力和草莓制作的富含春天气息的甜点。
草莓有效预防痣和雀斑的产生。
在春天，对皮肤也十分有益处。

材料 | **5 人份（7cm × 5cm 的杯子 5 个）**

草莓 15 颗左右，白巧克力 100g，明胶粉 5g，水 2 大勺，牛奶 100ml+ 白糖 1 小勺，奶油 150ml，朗姆酒 1 小勺

1 先将明胶粉溶于水中。剩下大概 5 个草莓留做装饰用，其余的草莓均按照 1cm × 1cm 的大小切成丁儿。

2 再将白巧克力切成小块，如果白巧克力是按钮的形状，则可以直接使用。

3 在小锅里放入牛奶和白糖，用小火加热，使白糖完全溶化。沸腾之前关火，放入切好的白巧克力，接着放入溶于水的明胶和朗姆酒。

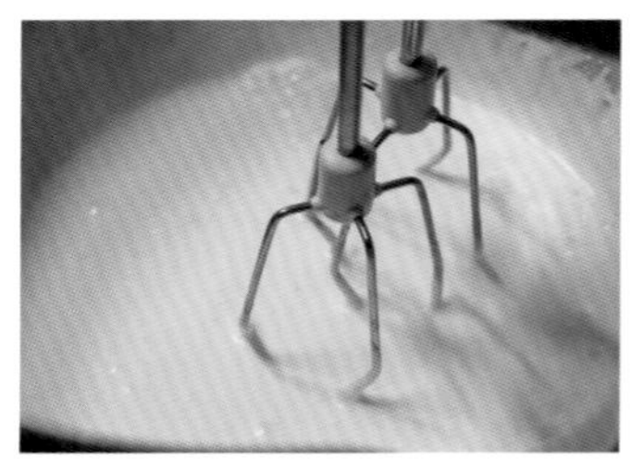

4 在另一个碗里放入奶油，一直搅拌直至黏度成原味酸奶状，然后分 3~4 次放入盛有熔化巧克力的碗里。

5 将之前切好的草莓放入杯子里。

6 将白巧克力和慕斯分别放入杯子里，然后将杯子放置于冰箱里冷藏。待其硬化后用草莓做一些装饰。

011

柚子格兰尼塔冰糕

柚子格兰尼塔冰糕中添加了白葡萄酒，这使其更富有魅力。
这是一款夏日甜点，利用的材料是冬天储存的柚子茶。

材料 | **杯子 2~3 个**

柚子蜜饯 1 大杯（200ml），开水 1 杯半，白葡萄酒 2 大勺，薄荷叶

1 准备 1 杯半开水。

2 准备 1 杯柚子蜜饯。

3 在密闭容器里放入开水和柚子蜜饯，充分浸泡后，倒入白葡萄酒。将密闭容器放置于冰箱中冷冻。

4 用叉子刮冰冻的液体，将其盛入杯子里。

TIP 用柚子茶制作比冰淇淋更凉爽的格兰尼塔冰糕，不仅味道醇香，而且对我们的身体也大有裨益。

012

草莓提拉米苏

用奶油芝士和椰果制作的提拉米苏，
在加上草莓之后便能制作成茶杯甜点。

材料 | 6cm × 6cm 的甜点杯子 6 个
草莓 400g，卡斯特拉少许，咖啡糖浆（速溶咖啡 2 小勺，咖啡酒 1 小勺，水 1/4 杯，白糖 1 小勺），芝士球（奶油芝士 130g，白糖 30g，朗姆酒 1 大勺，奶油 150ml，椰果粉少许）

1 将卡斯特拉按照 1cm 的厚度切成块儿，用杯子底部按压成圆形，制作 6 个分别放入 6 个杯子里

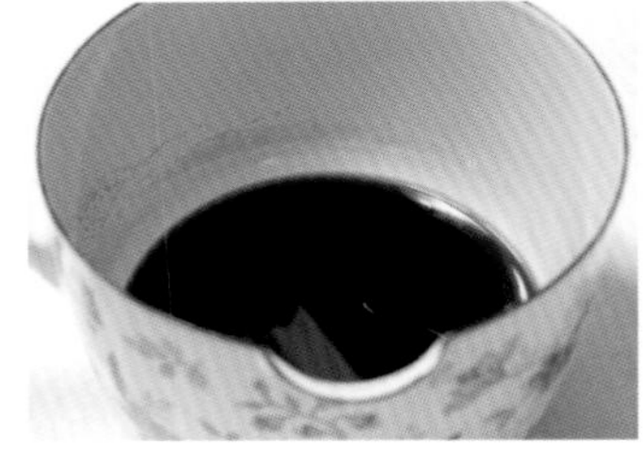

2 把所有制作咖啡糖浆的材料放入杯子里，稍微加热之后冷却。

3 在常温状态下，将白糖和朗姆酒放入变软的奶油芝士里并搅拌。在另一个碗里搅拌奶油。

4 将搅拌后的奶油倒入变软的奶油芝士里，轻轻地搅拌。

5 待咖啡糖浆冷却后，用刷子将其均匀涂抹在杯子中的卡斯特拉上。放入切好的草莓，然后按照顺序依次放入奶油芝士、草莓、奶油芝士。

6 整理一下最上面，在冰箱里冷却后用筛子撒上一层椰果粉，然后在上面放一个草莓。

TIP 作为情人节的甜点甚佳。

013

牛奶酸奶果冻

是用牛奶和酸奶制作的果冻，所以所含热量非常少。应充分使用当季的水果，维生素的含量也十分丰富。

材料 | **4 人份**

原味酸奶 1 杯，牛奶 1 杯，明胶粉 10g，水 80ml，柠檬汁 2 大勺，白糖 80g，装饰用水果（野草莓、奇异果、蓝莓几个）

1 将牛奶和原味酸奶放置在常温的环境中。

2 将明胶粉浸泡在水里 5 分钟左右，用水蒸，使其熔化。

3 在碗里放入酸奶、柠檬汁和白糖，搅拌均匀。

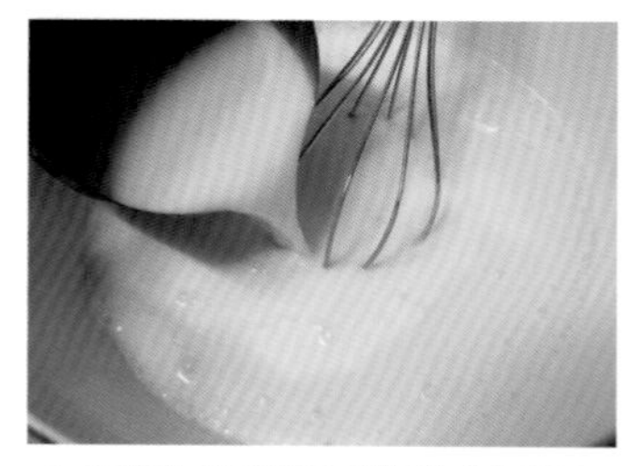

4 将熔化的明胶和常温的牛奶混合，搅拌均匀。

5 将其分别盛入容器里，然后将容器放置于冰箱中冷藏。

6 准备当季的水果，放在果冻上面。

TIP 粉状明胶要浸泡在冷水里，用水蒸的方法使其溶化。
在使用微波炉溶化明胶的时候，注意不能使用过高的温度。

014

葡萄刨冰

用 100% 的葡萄制作的凉爽的刨冰。
没有添加白糖，所以我们能够品尝到葡萄本来的浓香。

材料 | 4~5 人份

无籽葡萄 800g，当季水果冰淇淋 1 大勺

1 一颗一颗地整理无籽葡萄，并将其洗干净。

2 用榨汁机把无籽葡萄榨成汁。

3 将葡萄汁倒入钢化的封闭容器中，再将容器放置于冰箱中。

4 当容器的边缘快要开始结冰的时候，用叉子刮一下，当其再次结冰时再用叉子刮一下，如此反复 3 次左右，形成冰颗粒。

5 适当放上一些当季的水果。

6 再放上一勺冰淇淋，口感柔滑的葡萄刨冰便制作完成。

TIP 制作葡萄刨冰的时候，使用无籽葡萄会更加方便。不要将葡萄剥皮，把葡萄整粒榨成汁，不仅颜色美观，而且营养也十分丰富。

015

野草莓牛奶冻

用野草莓制作的牛奶冻是很有氛围的甜点之一，漂亮的粉色会更加突出。

材料 | **4~5 人份**

野草莓 300g，白糖 3 大勺，板状明胶 4g，奶油 1 杯，白糖 2 大勺，朗姆酒（也可以用野草莓酒代替）1 小勺，装饰用材料（奶油少许，野草莓几个，薄荷叶几片）

1 用水将野草莓洗干净。

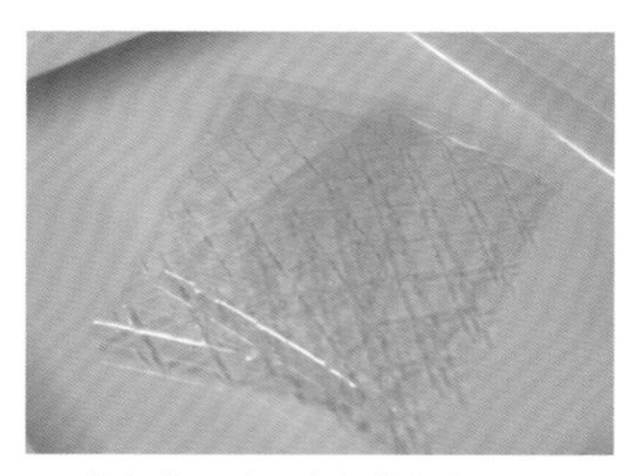

2 将板状明胶浸泡在冷水中。

3 在小锅中放入野草莓和白糖，用中火加热，待白糖完全熔解后将泡好的明胶和朗姆酒放进去，倒入冰水使其降温。

4 在奶油里放入适量的白糖，轻轻搅拌，变黏稠之后，放入野草莓。

5 将奶油和野草莓搅拌均匀。

6 将其倒入甜点杯，然后将甜点杯放置于冰箱中冷藏，最后放上一些奶油和野草莓。

TIP 将板状明胶浸泡之后，需要把里面的水分完全挤出来之后再使用。

016

覆盆子牛奶布丁

一款用鸡蛋和覆盆子汁制作的简单的布丁，不需要烤箱就能制作。

材料 | 2人份

覆盆子汁 30g，牛奶 200ml，白糖 2 大勺，粉状明胶 4g，水 2 大勺

1 将牛奶和 100% 覆盆子汁准备好。

2 用冷水将粉状明胶浸泡 5 分钟左右。

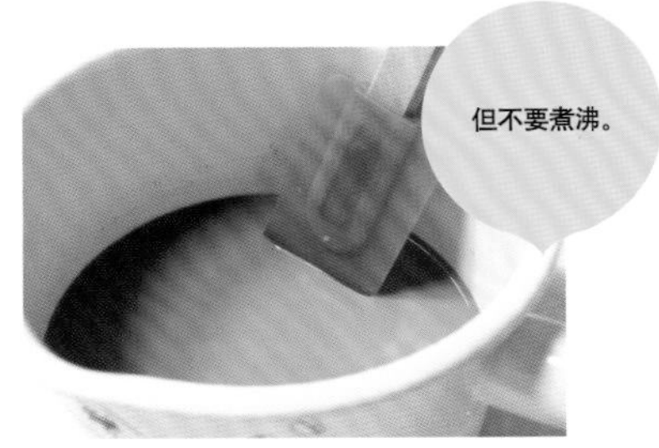

3 在小锅里放入覆盆子汁、牛奶和白糖，用小火加热，待白糖完全溶化后再放入明胶加热。

4 待其冷却后装入布丁杯或甜点杯，将布丁杯或甜点杯放置于冰箱中使其硬化。

TIP 用 100% 果汁和牛奶制作的布丁要在沸腾之前将火关掉，然后再将浸泡的明胶放进去溶化。

017

草莓胶粉果冻

柔软的果冻里面添加了草莓颗粒。
不含热量，只含有丰富的膳食纤维。

材料 | **甜点杯 10 个**

草莓 300g，胶粉 50g，水 750ml，有机黑糖 100g

1 将少量的有机黑糖放入胶粉里。

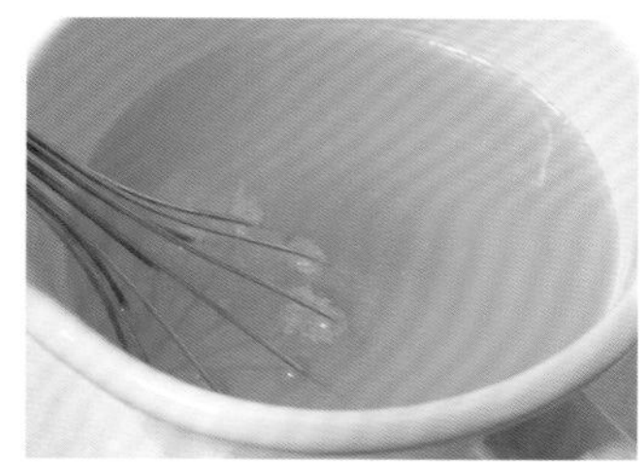

2 在锅中加入适量的水，与黑糖一起拌匀，并让明胶充分发泡。

3 用火加热的同时用木质饭勺搅拌，改用小火加热 2 分钟左右。

4 将剩下的黑糖都放入锅中，待黑糖完全溶化后，关火等待其冷却。

5 将草莓切成大小适当的块，除去水分后放进明胶液里。在地上放一些冰块，使明胶液冷却至黏稠状态。

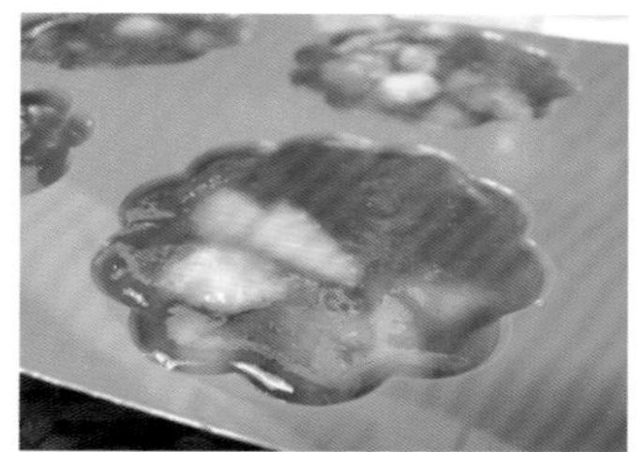

6 将其倒入甜点杯或硅胶模具中，将甜点杯或模具放置在阴凉处 2 小时使其硬化。

TIP 因为胶粉果冻富含膳食纤维，所以能预防便秘。

018

柚子牛奶果子露

我们可以有效利用剩下的柚子茶来制作一款极为简单的柚子牛奶果子露。

材料 | 3~4 人份

柚子蜜饯 1 杯半，牛奶 1 杯，当季水果，薄荷叶

1 去市场上购买或在家中自己动手制作一些柚子蜜饯。

2 将切好的柚子果肉放入钢化密闭容器里，倒入牛奶，然后将容器放置于冰箱中。

3 当柚子果肉和牛奶冷冻至一半程度的时候，用叉子刮 3 次左右，让一些空气进去。

4 用勺子舀出一勺放到杯子里，再在上面放一些当季水果和薄荷叶即可。

TIP 柚子牛奶果子露制作起来十分简单，只需将柚子果肉与牛奶混合在一起再冷冻即可。来一杯柚子牛奶果子露，我们就能轻易尝到柚子果肉。如果我们将杯子提前放入冰箱中冷藏的话，那么我们便能品尝到冰爽的柚子牛奶果子露。

019

香蕉巧克力芭菲

用香蕉和巧克力制作的迷你芭菲，
口感甜美柔软。

材料 | **200ml 甜点杯 4 个**

香蕉 2~3 根，巧克力味谷物早餐饼干 5 大勺，巧克力冰淇淋 300ml，巧克力糖浆少许，奶油 200ml，白糖 1 大勺，巧克力若干，野草莓若干，巧克力饼干若干

1 将香蕉切成大小适当的块儿。

2 在奶油中放入白糖并搅拌均匀，将搅拌后的奶油和甜点杯同时放置于冰箱中冷藏。

3 在冷藏的甜点杯中放入巧克力谷物早餐饼干，把搅拌后的奶油装入裱花袋，然后挤到上面。

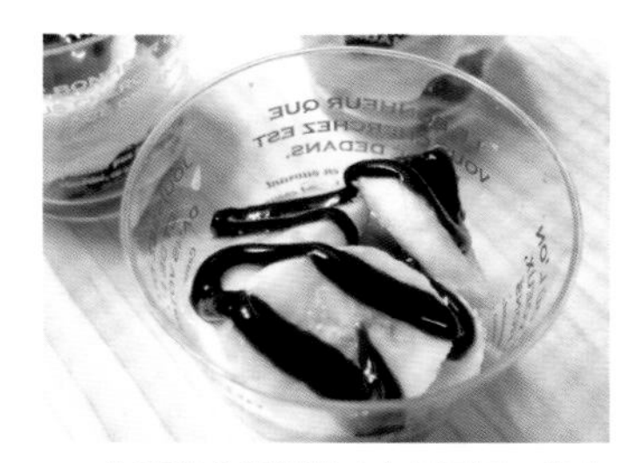

4 将香蕉分别放进几个杯子里，浇上一些巧克力糖浆。

5 在每个杯子里放入一些巧克力冰淇淋。

6 将香蕉块沿着杯子的边缘摆放一圈，最后用奶油、巧克力糖浆、野草莓和饼干进行装饰。

TIP 可以用掼奶油代替奶油。
如果搭配巧克力饼干等的话，口感甚佳。

020

菠萝冻酸奶

一款能品尝到菠萝果肉的低热量甜点。

材料 | **5 人份**

菠萝（也可以用菠萝罐头代替），原味酸奶 2 个半杯，白糖 8 大勺

1 将菠萝按 1cm 大小切成丁。

2 在小碗里放入原味酸奶和白糖，使白糖完全溶化。

3 将切好的菠萝丁留一些做装饰用，其余全部放入小碗里，搅拌均匀。

4 将其放入密闭容器里，再将容器放置于冰箱中冷冻，等到容器边缘开始结冰时拿出来用叉子刮一下，如此反复 3 次即可。

TIP 使用钢化密闭容器能加速酸奶冷冻。

021

焦糖香蕉布丁

用黄油和黄糖烤制的具有独特风味的香蕉。
可以在周末作为不错的早午饭。

材料 | **大小为 13.5cm 的水果派锅 2 个**
香蕉 2 根，黄油 20g，黄糖 1 大勺，布丁（鸡蛋 1 个，牛奶 80ml，白糖 1 大勺），装饰材料（杏仁片，细砂糖少许）
烤箱：180℃烘烤 25 分钟

1 在陶瓷制的耐热水果派锅底均匀涂抹一层黄油。

2 将香蕉切成 1cm 的宽度，待黄油完全熔化之后放入锅中，撒上一些黄糖，当香蕉烤成油黄色即可。

3 将烤好的香蕉放入另一个水果派锅中。

4 将制作布丁的材料全部放入小碗里，用搅拌机搅拌均匀。

5 将布丁液体倒入盛有香蕉的水果派锅里，在上面放一些杏仁片。

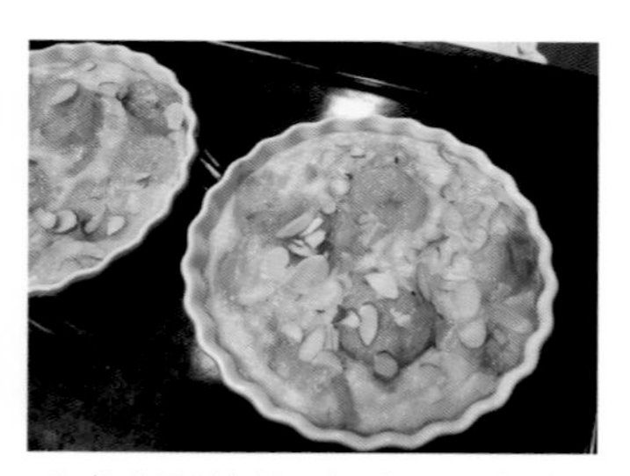

6 将水果派锅放入经过预热的烤箱进行烘烤。

TIP 在使用烤箱的时候，我们可以先对烤箱进行预热，然后再开始烘烤。

022

黄金奇异果 & 桑葚冰棒

用一次性迷你杯制作既简单又美味的水果冰棒。

材料 | **一次性杯子 8 个**

冰冻的桑葚（也可以用普通桑葚代替）90g，炼乳 4 大勺，牛奶 4 大勺，黄金奇异果 100g（大概 2 个左右）

1 准备几个大小明显与普通的一次性杯子不同的迷你杯。

2 用叉子将桑葚碾碎。

3 放入一些炼乳和牛奶，搅拌均匀。

4 将黄金奇异果榨成汁。

5 将全部材料混合在一起，均匀分成若干份之后再装入一次性迷你杯；在每个迷你杯中插入一根小木棍，然后将所有迷你杯放入冰箱中冷冻。

TIP 使用迷你杯，很容易将冰棒分离出来。

023

草莓芭菲

是一款利用含有丰富维生素 C 的草莓制作的美味甜点。

材料 | **杯子 1 个（2 人份）**

草莓 10 个，香草冰淇淋 2 勺，奶油（也可以用掼奶油代替）60ml，白糖 1 小勺，谷物饼干 2 大勺，草莓糖浆少许，草莓维夫饼干若干

1 在奶油里放入一些白糖，搅拌至硬化之后放入冰箱里冷却。

2 将草莓清洗干净，摘掉草莓蒂。将大颗草莓切成 4 块儿，将小颗草莓切成 2 块儿。

3 在芭菲杯子里放入冷藏的奶油，再放入两大勺谷物饼干。

4 将切好的草莓放进去。

5 放入香草冰淇淋，然后撒上一些草莓糖浆。

6 用奶油装饰边缘，切一半，再用草莓装饰边缘，最后用草莓维夫饼干装饰中间部分。

TIP 制作芭菲的时候，使用颗粒小一些的草莓能够起到更好的装饰作用。

024

柚子牛奶布丁

柚子的维生素 C 的含量是橘子的 3 倍，且含有丰富的钙。这一次我们就用柚子和牛奶来制作牛奶布丁吧。可以用柚子茶来制作，过程非常简单。

材料 | 100ml 布丁杯 5 个

柚子蜜饯 200g，粉状明胶 5g，水 2 大勺，牛奶 1 杯，奶油半杯，装饰材料（柚子蜜饯，坚果若干）

1 将柚子蜜饯简单切成小块儿。

2 将粉状明胶浸泡在水里 5 分钟左右。

3 在锅里放入牛奶和奶油，用中火加热，沸腾之前放入浸泡之后的明胶。待其完全溶化后，放入柚子蜜饯。

4 用冰水浸泡小锅，使液体黏稠，柚子果肉也不会沉到锅的底部。

5 将其分别装入布丁杯里。

6 将布丁杯盖上盖子，放入冰箱里冷藏。

TIP 若买不到新鲜的柚子，也可以使用冬天剩下的柚子茶。

025

黄金奇异果小蛋糕

一款英式甜点，利用冰箱里的水果和蛋糕就能制作。这一次，我们就用黄金奇异果来制作小蛋糕吧。

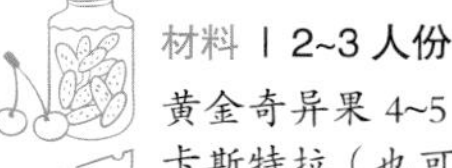

材料 | 2~3 人份

黄金奇异果 4~5 个，草莓 5 个，卡斯特拉（也可以用面包代替）一些，开心果一小把，原味酸奶 150ml，奇异果酱 4 大勺，奶油 150ml，白糖 1 大勺

1 将黄金奇异果和草莓按照 1.5cm 大小切成块儿。

2 将卡斯特拉也切成 1.5cm 大小，然后放进杯子里。

3 将原味酸奶倒入杯子里。

4 在杯子中放上一些草莓，再放上一些奇异果酱。

5 在上面放上一些切好的黄金奇异果，再加一层原味酸奶。

6 再放上一些切好的奇异果和草莓，将搅拌好的奶油涂在最上面，然后用黄金奇异果做装饰，最后在上面撒上一些开心果即可。

TIP 在制作小蛋糕的时候，我们可以选择使用透明的玻璃容器，这样便于我们观察水果、蛋糕和奶油的层次。

026

黄金奇异果意大利冰淇淋

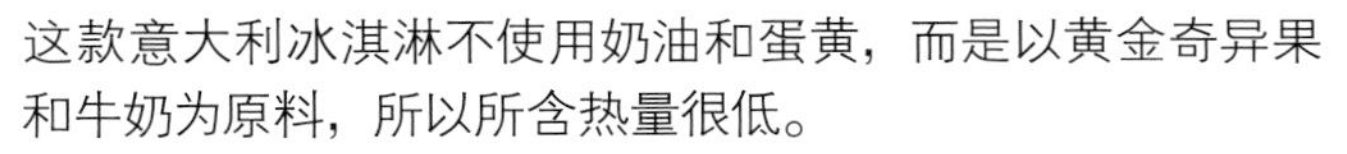

这款意大利冰淇淋不使用奶油和蛋黄，而是以黄金奇异果和牛奶为原料，所以所含热量很低。

材料 | 3~4 人份

黄金奇异果 6 个，牛奶 6 大勺，炼乳 6 大勺

1 将黄金奇异果、牛奶和炼乳准备好。

2 黄金奇异果剥皮，切成适当大小的块儿，然后与牛奶、炼乳一起放入榨汁机中。

3 将所榨的汁儿倒入钢化密闭容器中，再将容器放置于冰箱中冷冻。

4 当容器的边缘即将结冰的时候，取出来用叉子刮一刮，再将容器放进去冷冻。如此反复 3 次后，就能制作出口感软滑的意式冰淇淋了。

TIP 奇异果具有分解肉类的效果。因此吃完肉再吃奇异果，会有清爽口感，并能帮助消化。

027

大枣柿饼巧克力

是一款健康的巧克力，用大枣、柿饼、银杏和核桃熬制之后制作而成，非常适合在节日中当作礼物。

材料 | 3cm×15cm 巧克力杯 15 个

大枣 3 个，核桃 100g，银杏 5 颗，柿饼（晒干的柿子）3 块，蜂蜜 1.5 大勺，无需回火的牛奶巧克力 200g

1 将大枣、核桃、银杏和柿饼准备好。

2 用中火加热无需回火的牛奶巧克力，使其熔化。

3 将食材切成丁儿，放入蜂蜜，小火熬制。

4 将熔化的巧克力倒入铝制的巧克力小杯中，直到巧克力占杯子的 60% 左右，一边旋转小杯，一边将杯子中的巧克力涂均匀。

留下 1/4 的巧克力，用来装饰顶部。

5 待巧克力硬化后，将熬制的食材放进去。

6 用剩余的巧克力填满杯子，在巧克力硬化之前装饰顶部。

TIP 如果大家觉得回火较难的话，那么不妨使用无需回火的巧克力。冬天制作这款甜点的时候，通过蒸的方式才能不使巧克力硬化。

028

甜柿子慕斯

这款甜点所含的维生素 C 是苹果的 8~9 倍。

材料 | 4 人份

甜柿子 1 个，牛奶 180ml，白糖 4 大勺，粉状明胶 3g，水 1 大勺，红柿子若干

1 准备一个大个的甜柿子。

2 用水浸泡粉状明胶。

3 准备 180ml 的牛奶。

4 柿子剥皮，切成适当的块儿。

5 用搅拌机搅拌牛奶、白糖和柿子。用蒸的方式熔化浸泡过的明胶，然后将其放入搅拌机中搅拌。

6 将搅拌后的食材分别装在甜点杯里，再将甜点杯放置于冰箱中硬化。完成慕斯之后放一小勺红柿子，再用花状模具切出的甜柿子做装饰。

TIP 甜柿子维生素 C 的含量十分丰富，能解酒。

029

草莓牛奶布丁

制作酸酸甜甜的草莓牛奶布丁的主要原料为富含维生素 C 的草莓。包括红与白两种颜色的这款布丁，能让你感受到春天的气息。

材料 | 3 人份

草莓 200g，粉状明胶 6g+ 水 2 大勺，牛奶 1 杯，奶油半杯，蜂蜜 3 大勺，草莓糖浆（草莓 100g，柠檬汁 1 小勺，炼乳 1 大勺）

1 留下 100g 草莓做糖浆，将剩余的草莓都做成布丁。

2 将粉状明胶浸泡在水里。在小锅里倒入牛奶、奶油和蜂蜜，沸腾之前关火，接着把泡好的明胶放进去。

3 取 200g 左右的草莓用来做布丁。将草莓切成块儿，放进布丁制作机中，制成酱。

4 将草莓酱放入盛有牛奶、奶油和明胶的小锅里，搅拌均匀。

5 分别倒进甜点杯，放冰箱硬化。

6 将 100g 的草莓制成草莓酱，放入柠檬汁、炼乳，制作草莓糖浆。当布丁完成之后，将草莓糖浆浇在上面做装饰。

030

牛奶布丁

牛奶布丁制作起来非常简单，而且只要换一换顶部的装饰
就能品尝到多种口味。
用多种水果和奶油改变味道吧。

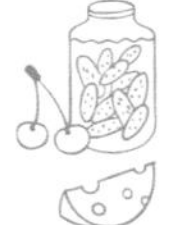

材料 | 3人份
牛奶270ml，白糖30g，粉状明胶4g，水2大勺

1 将粉状明胶浸泡在水中。

2 在小锅里倒入牛奶和白糖，加热。

3 将泡好的明胶放进去，使明胶完全溶化。

4 将其倒入杯子里，然后将杯子放置于冰箱中冷藏。

TIP 布丁完成后，可用不同的应季水果和鲜奶油来装饰。用水果装饰时，若加入少许苹果汁，会有光泽且口感更佳。

031

菠萝牛奶果冻

这是一款用含有丰富维生素和膳食纤维的菠萝制作的果冻。

材料 | **5cm 厚的果冻 10 个**

菠萝 80g，牛奶 180ml，炼乳 3 大勺，粉状明胶 4g，水 1 大勺

1 将粉状明胶浸泡在水中。

2 把菠萝切成 7mm × 7mm 左右大小的块。

3 把菠萝放到厨房纸上，以去除水分。

4 在小锅里放入牛奶和炼乳，加热至即将沸腾时再把泡好的明胶放进去，使明胶完全溶化。

5 在硅胶模具里面涂抹一些水，把切好的菠萝放进去。

6 将冷却后的牛奶分别倒进模具，把模具放置于冰箱中硬化。果冻制作完成之后，用切好的菠萝和奇异果做装饰。

TIP 菠萝、奇异果等含有蛋白质分解酶的水果不容易硬化为果冻，所以要适当增加明胶的量或使用罐头水果才能使其更容易硬化。

032

香蕉慕斯杯

使用熟透的香蕉制作像冰淇淋一样香甜柔软的香蕉慕斯杯吧。

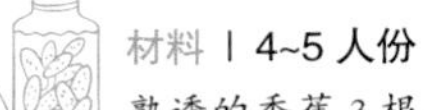

材料 | **4~5 人份**

熟透的香蕉 3 根，柠檬汁 1 大勺半，糖浆（水 80ml，白糖 4 大勺），奶油 200ml，粉状明胶 4g，水 3 大勺

1 用手把香蕉掰成大小均匀的几块儿。

2 在小锅里放入适量的水和白糖，用大火加热使白糖完全溶化，沸腾之前关火，制作糖浆。

3 将香蕉放进搅拌机制作香蕉酱，倒入柠檬汁。

4 在小碗里放入泡好的明胶、糖浆和香蕉酱，搅拌均匀。

5 把搅拌 80% 程度的奶油放入一半，轻轻搅拌之后，把剩下的一半奶油也放进去。

6 将其放入甜点杯里，将甜点杯放置于冰箱中硬化 2 小时。

TIP 熟透的香蕉对身体十分有益，而且味道也非常不错。

033

椰果牛奶水果甜茶

在酷热的夏天，人们喜欢饮用水果甜茶。现在，用椰果牛奶来代替碳酸饮料吧，味道更甜美，也更能使人忘记闷热。

材料 | 2~3 人份

椰果牛奶糖浆（椰果牛奶 200ml，牛奶 100ml，白糖 30g），水果（甜瓜 1 个，奇异果 1 个，野草莓、蓝莓若干）

1 准备一些椰果牛奶和几种当季水果。

2 将野草莓和蓝莓洗干净，放入冰箱中冷藏。

3 用椰果牛奶、牛奶和白糖来制作椰果牛奶糖浆，制成后放置于冰箱中冷藏。

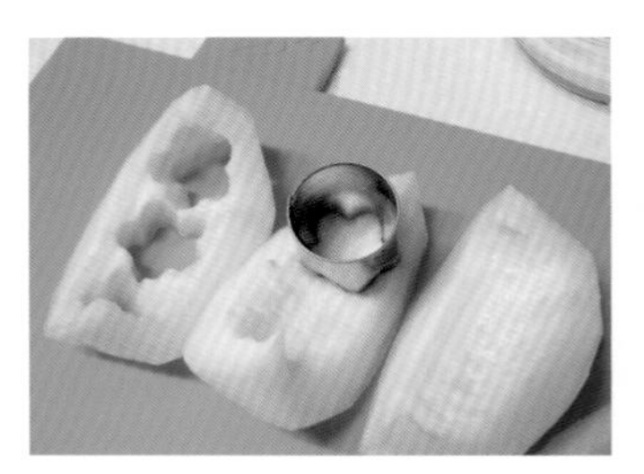

4 将甜瓜切成花瓣的形状。

5 将奇异果切成银杏果的形状。

6 把水果放进碗里，然后把冷藏的椰果牛奶糖浆倒进去即可。

TIP 将夏天能消暑的甜瓜放入水果甜茶里面，可以消暑解渴。

034

豆腐草莓巴伐利亚

法式甜点巴伐利亚是用牛奶和鸡蛋制作而成的，而这一次我们用豆腐和豆奶来制作这款甜点，所以不用担心过敏或热量过高等问题。

材料 | 4~5 人份

草莓 180g，豆腐 170g，豆奶 200ml，油菜籽油 2 大勺，黄糖 3 大勺，粉状明胶 6g，水 2 大勺，装饰用草莓几个

1 尽量将豆腐中的水分挤出来。

2 将粉状明胶浸泡在水中。准备豆奶、油菜籽油和黄糖。

3 把草莓蒂去掉，与豆腐、豆奶、黄糖一起放进搅拌机里搅拌。

4 接着把油菜籽油倒进去再搅拌均匀。

5 把搅拌后的液体倒入小碗里，用水蒸小碗，同时将明胶放进去混合均匀。

6 将其分别倒入甜点杯里，再将甜点杯放置于冰箱中硬化。

035

干葡萄面包布丁

这是一款不需要烤箱，用平底锅就能制作的柔软的面包布丁。
可以使用冰箱里冷冻的面包。

材料 | **布丁杯 3~4 个**

三明治用面包 3 片，鸡蛋 2 个，蛋黄 1 个，白糖 50g，牛奶 300ml，奶油 30ml，干葡萄饼干若干块，大料粉少许，糖粉少许

1 将面包的边缘切除之后切成 9 等份，撒上少许橄榄油，在锅里煎至金黄。

2 将小块面包分别放进布丁杯里。

3 打两个鸡蛋，将蛋清和蛋黄分离，在小碗里放入蛋黄和白糖，混合均匀。

4 在鸡蛋里倒入牛奶和奶油，混合均匀。

5 在布丁杯子里放入干葡萄。

趁布丁还热的时候撒上一些糖粉和大料粉。

6 把液体分别倒入布丁杯里，在平底锅里注入约 2cm 的水，将布丁杯放入锅中，盖上锅盖，用小火蒸 15 分钟左右。

TIP 这是一款可以同时享受奶油冻布丁和甜美吐司的布丁。也可以使用法棍面包。

036

草莓胶粉牛奶果冻

这一款甜点使用了富含维生素的草莓和含有丰富钙质的牛奶，又使用胶粉硬化，营养十分丰富。

材料 | 7cm 果冻 10 个

草莓 100g，胶粉 4g，水 100ml，牛奶 400ml，炼乳 3 大勺

1 将草莓按照 1cm × 1cm 的大小切成丁儿，用厨房纸去除水分。

2 准备胶粉。

3 将牛奶和胶粉同时放入锅中，加热的同时用饭勺搅一搅。沸腾之后改为小火，再加热 2 分钟后放入炼乳。

4 向硅胶模具里涂抹一点水，把之前切好的草莓放进去。

5 将冷却了一段时间的胶粉牛奶果冻液体倒入模具里，将模具放置于阴凉处冷却硬化。

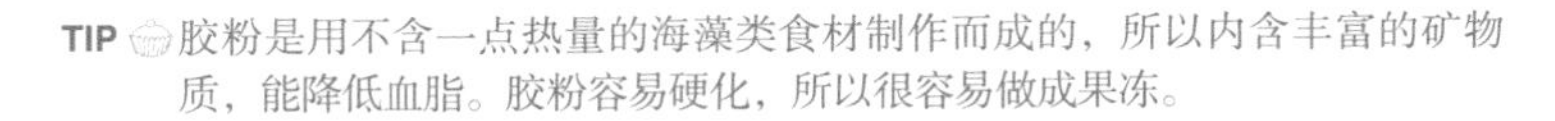

TIP 胶粉是用不含一点热量的海藻类食材制作而成的，所以内含丰富的矿物质，能降低血脂。胶粉容易硬化，所以很容易做成果冻。

037

巧克力慕斯

一起来制作比冰淇淋更美味的巧克力慕斯吧。
巧克力中含有丰富的抗氧化物质。

材料 | 2~3 人份

牛奶巧克力 50g（也可以用巧克力板代替），奶油 50ml，白糖 20g，搅拌用的奶油 80ml，顶部装饰用食材（杏仁片、蔓越莓、核桃若干）

1 把巧克力切成小块儿。

2 将巧克力、白糖和奶油放入耐热碗里，然后将耐热碗放在微波炉里加热 20 秒。

3 从微波炉中取出耐热碗，用余热熔化巧克力。

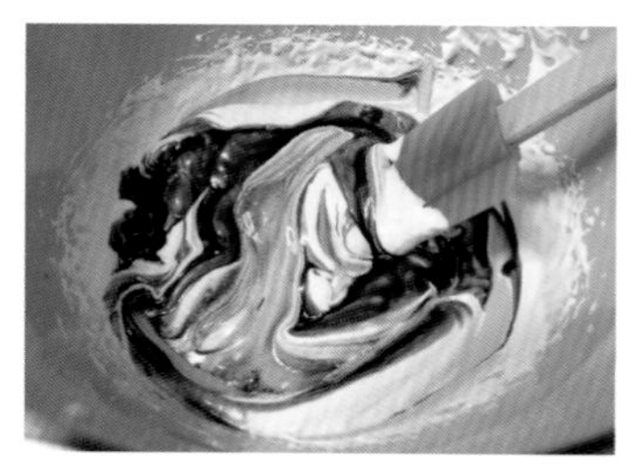

4 在另一个碗里放入奶油，搅拌成 80% 的程度，放入巧克力轻轻搅拌。

5 将其装入裱花袋，挤到杯子里，将杯子放置于冰箱中，硬化之后做顶部装饰。

TIP 用多种坚果和水果干做顶部装饰，慕斯的口感会更好。

咖啡果冻

我们可以通过软滑美味的咖啡果冻享受 4 种味道。

材料 | **杯子 6 个**

咖啡果冻（速溶咖啡 4 大勺，黄糖 4 大勺，水 1 杯，粉状明胶 10g，水 3 大勺），水 3 杯，顶部装饰食材（炼乳，掼奶油 200ml，白糖 1 大勺，摩卡巧克力若干）

1 将速溶咖啡、黄糖和水准备好。将粉状明胶泡在水中。

2 把咖啡、1 杯水和白糖放入锅中，用小火加热。

3 待白糖完全溶化后关火，将泡好的明胶放进去。

4 把剩下的 3 杯水倒入锅中。

5 分别倒入咖啡杯和密闭容器里，将它们放置于冰箱中硬化。

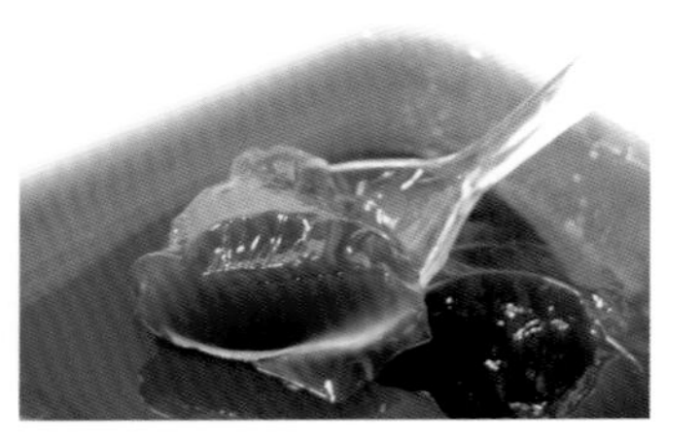

6 大概 4 个小时后，口感软滑的咖啡果冻就制成了。

TIP 各种甜点装饰都可以搭配简单的咖啡果冻、软滑的咖啡果冻或冰咖啡果冻，甚至是口味浓烈的越南咖啡果冻。甜点装饰令口感层次丰富。

039

红葡萄酒水果甜茶

用葡萄酒糖浆制作水果甜茶，香气四溢。

材料 | 4 人份

西瓜几块，甜瓜 1 个，李子 5 个，白葡萄酒糖浆（白葡萄酒 200ml，水 200ml，白糖 50g）

1 准备一些夏天的当季水果。

2 制作葡萄酒糖浆，并冷藏。把白葡萄酒、水和白糖放在锅中加热，沸腾之后关火，使其自然冷却。

3 把水果切成一口的大小。

4 把水果盛到碗里，然后把冷藏之后的葡萄酒糖浆倒进去即可。

TIP 制作水果茶时，如水果切得大小一致，则看上去更清爽利落。

040

桑葚慕斯杯

用富含花色苷的桑葚制作的口感清爽的甜点。

材料 | **5 人份**

桑葚 250g，白糖 70g，柠檬汁 1 大勺，粉状明胶 6g，水 4 大勺，奶油 150ml，有机鸡蛋清 1 份，白糖 20g，装饰用桑葚、奶油少许

1 将粉状明胶浸泡在水中。把桑葚放入搅拌机中制成酱。

2 把一半桑葚酱和 70g 白糖放入锅中加热，变热时再加入明胶。

3 把剩下的一半桑葚酱和柠檬汁都放入锅中，锅里盛上冰水冷却使其更加黏稠。

4 把奶油搅拌成 70% 左右的程度之后加进去，混合均匀。

5 在另一个碗里放入蛋清和白糖，然后把搅拌的调和蛋白放入锅中，搅拌均匀。

6 将慕斯分别盛到杯子里，再盖上盖子，放置两小时使其硬化。完成慕斯之后放上一些奶油，再用桑葚做装饰。

041

巧克力布丁

巧克力布丁深受人们的喜爱，我们用巧克力糖浆就能轻松制作。

材料 | **4人份**

牛奶150ml，奶油50ml，巧克力糖浆70ml，鸡蛋2个，枫蜜少许，香蕉几段

烤箱：160℃烤制25~30分钟

1 准备用于制作维夫饼或冰淇淋的巧克力糖浆。

2 在小锅里放入牛奶和奶油，加热后倒入碗里再加入巧克力糖浆。

3 用搅拌器搅拌。

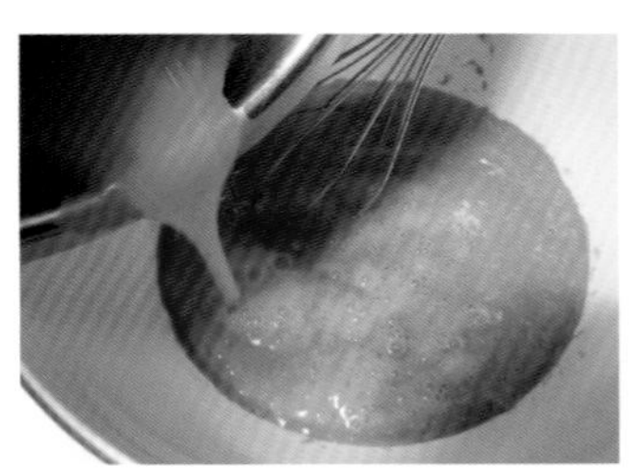

4 将鸡蛋用搅拌器搅拌均匀。

5 搅拌后用筛子筛一筛。

6 分别装入布丁杯中，将布丁杯放在平底锅里，倒入深2cm的水，蒸25~30分钟。

TIP 将布丁在常温的环境中冷却一段时间后，用保鲜膜盖住放置于冰箱里冷藏，以防止顶部硬化。食用的时候，可以在上面放上一些枫糖浆和香蕉。

042

西瓜蜂蜜格兰尼塔冰糕

酷热的夏天，既没有食欲又很渴的时候，不妨品尝一下能够快速恢复体力的加入了蜂蜜的西瓜蜂蜜格兰尼塔冰糕。

材料 | **2~3 人份**

西瓜 400g，蜂蜜 4 大勺，奇异果几片

1 把西瓜切成一口的大小，除去西瓜籽儿。

2 准备 4 大勺蜂蜜。

3 将去除了西瓜籽儿的西瓜用搅拌机搅拌。

4 将其放入钢化密闭容器里，然后加入蜂蜜，混合均匀之后放置于冰箱中冷冻。

5 当容器的边缘开始结冰的时候用叉子刮一下，再次冷冻。如此反复操作 3 次即可。

TIP 食用时将切成小丁的奇异果撒在上面。

043

特浓咖啡格兰尼塔冰糕

这是一款比冰咖啡还要凉爽几倍的咖啡甜点。

材料 | 2~3 人份

特浓咖啡 400ml（也可以用速溶咖啡代替），白糖 3 大勺，装饰用奶油（也可以用掼奶油代替），咖啡豆和巧克力若干

1 用咖啡机制作特浓咖啡。

2 将准备好的白糖放进去。

3 当白糖完全溶化后，将特浓咖啡倒入钢化密闭容器，再将容器放置于冰箱中冷冻。

4 当容器边缘开始结冰的时候用叉子刮一下，再次冷冻。如此反复操作 3 次。

TIP 当容器边缘开始结冰的时候用叉子刮一下，再次冷冻。如此反复操作 3 次。

044

黑色膳食炒面茶刨冰

炒面茶刨冰以红豆和黑色膳食为主要原料，具有利尿和消肿的作用，而且营养十分丰富。

材料 | 3人份

黑色膳食8大勺，牛奶2个半杯，蜂蜜3大勺，在家制作的刨冰用红豆酱、大枣、松子、一些年糕

1 准备由40%的黑豆、40%的黑芝麻和20%的黑米制作的黑色膳食。

2 把牛奶和蜂蜜倒入黑色膳食里，搅拌均匀，使其不产生颗粒。

3 将黏稠的混合液倒入钢化密闭容器里，再将容器放置于冰箱中冷冻。

4 制作刨冰用的红豆酱，待其冷却备用。

5 把年糕切成一口大小。把大枣切成螺旋状，然后再切成花瓣的形状。

用容器盛装后，放上自制的红豆酱、大枣、松子

6 待放入冰冻室中的黑色膳食边缘结冰时，用叉子刮一次后，再放入冷冻室中，如此反复3次即完成。

TIP 利用具有众多功效的黑色膳食刨冰制作多种夏日甜点吧！

045

桑葚格兰尼塔冰糕

一款用果汁或水果饮料制作的简单的格兰尼塔冰糕。

材料 | 2人份

100% 桑葚汁 400ml，枫蜜 2 大勺，香草冰淇淋 1 大勺，水果若干

1 在 100% 桑葚汁里倒入枫蜜，搅拌均匀，将混合液放置于冰箱中冷冻。

2 当混合液有大约一半开始结冰的时候，用叉子刮一下，再次冷冻。如此反复 3 次。

3 把西瓜、奇异果等当季水果切成一口的大小。

4 在碗里先放入桑葚格兰尼塔冰糕。

5 接着放入切好的水果。

6 然后再放入桑葚格兰尼塔冰糕，最后放上香草冰淇淋。

TIP 在制作格兰尼塔冰糕时，可以使用多种果汁代替桑葚汁。

046

牛奶水果茶杯刨冰

在冰冻的牛奶里添加具有多种功效的红豆和当季水果，制作成消暑解渴、富含维生素的刨冰。

材料 | 2人份

牛奶3杯，枫糖2大勺，当季水果若干，自制红豆酱

1 把牛奶倒入钢化密闭容器里，将容器放置于冰箱中冷冻。

2 接着，将自制的刨冰用红豆酱放入冰箱中冷藏。

3 把当季水果清洗干净，放进冰箱中。

4 当牛奶冷冻到一半程度的时候用叉子刮一刮，再次冷冻。如此反复3次左右，就能得到漂亮的牛奶刨冰了。

5 在杯子里放入牛奶刨冰和红豆酱。

6 在上面放上一些当季水果，再撒上一层枫糖。

TIP 即使不使用刨冰机，也能轻松吃到刨冰。

047

果冻水果甜茶

通过用葡萄汁制作的软滑的果冻，与水果搭配在一起，来享受口味独特的水果甜茶。

材料 | 2人份

葡萄汁250ml，粉状明胶5g，水2大勺，当季水果若干

1 把粉状明胶浸泡在水中。将当季水果清洗干净，放入冰箱中冷藏。

2 准备葡萄汁。

3 将葡萄汁倒入小碗中。

4 把泡好的明胶蒸一会，待明胶熔化之后倒入葡萄汁。

5 在剩下的葡萄汁里放入所有的明胶，混合均匀。

6 将混合物盛入玻璃杯里，放置于冰箱中硬化。最后，把冷藏的水果放到果冻的上面。

TIP 为了避免泡好的明胶与果汁混合的时候硬化，可先用一点果汁泡一下明胶，然后再倒入剩下的果汁。

048

草莓酸奶慕斯

用能起到美容作用的草莓和具有清肠作用的酸奶制作清爽的水果甜点。

材料 | 4~5 人份

草莓（选择颗粒稍微小一点的）15个，草莓酱1大勺，柠檬汁半小勺，慕斯〔原味酸奶110g，牛奶125ml，蜂蜜15g，板状明胶2张（4g），奶油75ml，柠檬汁1小勺〕

1 把板状明胶浸泡在冷水中。将草莓切成1.5cm×1.5cm的块儿，然后与草莓酱和柠檬汁混合。

2 将混合物分别装入甜点杯。

将发泡明胶的水沥干后再放入溶解。

3 在小碗里倒入牛奶、蜂蜜和白糖，加热至将要沸腾时关火，放入明胶待其冷却。

4 在小碗里倒入奶油，用泡沫机不断搅拌直至出现泡沫，然后倒入原味酸奶混合均匀，接着倒入柠檬汁。

5 在混合物中放入明胶，待其黏稠之后，放入牛奶，用泡沫机搅拌均匀后制作慕斯。

6 将慕斯分别装入盛有草莓的杯子里，再将杯子放入冰箱中硬化。最后，用草莓做装饰，再在上面撒一些糖粉。

TIP 红色的草莓和白色糖粉搭配，能提升甜点的口感。

049

菠萝椰果果冻

是一款可以与消暑解渴且十分受人欢迎的鸡尾酒相媲美的水果果冻。用胶粉制作会更加容易。

材料 | **2 人份**

100% 菠萝汁 240ml，菠萝果肉 150g，枫糖 1 大勺，胶粉 2g，装饰用食材（椰果牛奶 4 大勺，枫糖 1 大勺，菠萝果肉几块）

1 准备 100% 菠萝汁。

2 将菠萝果肉按一口大小切成块。

3 把胶粉、菠萝汁、菠萝果肉、枫糖放在一起用料理机打碎，再放入小碗里。

4 煮一下，然后冷却。

5 将其分别装入不同的杯子里，再将杯子放入冰箱中硬化。

6 果冻完成之后，将椰果牛奶和枫糖混合做顶部装饰，把菠萝果肉切成小块儿之后放在上面即可。

TIP 把菠萝放上去，就会与鸡尾酒非常相似。

050

慕斯巧克力

具有浓浓巧克力味道的柔软的巧克力慕斯，装入甜点杯就能作为情人节的礼物。

材料 | **200ml 甜点杯 5 个**

牛奶巧克力 80g，黄油（常温）110g，无糖椰果粉 40g，有机鸡蛋黄 80g，白糖 80g，奶油 200ml，装饰用食材（无糖椰果粉少许，巧克力一些）

1 准备好牛奶巧克力、奶油和椰果粉。

2 切一小块黄油放置于常温下。将牛奶巧克力放入蒸碗中加热使其熔化。

3 将奶油搅拌成 90% 程度，冷藏。

4 用泡沫机将黄油打成奶油状，加入无糖椰果粉搅拌均匀。把白糖放到蛋黄里，用泡沫机不断搅拌直至出现泡沫，然后加入牛奶巧克力、黄油和椰果粉，用泡沫机搅拌均匀。

5 加入搅拌后的奶油，用泡沫机轻轻搅拌，使其始终出现泡沫。

6 将混合物分别装入甜点杯，盖上盖子，放入冰箱中硬化。最后，撒上少许椰果粉，刮一些巧克力片做装饰即可。

柔软丝滑的茶杯甜点

051

草莓三明治

用草莓和面包制作的像精致的蛋糕一样的三明治。
可口的奶油芝士使三明治的味道更加让人难忘。

材料 | **迷你三明治 8 个**

制作三明治的面包 6 片，草莓 100g，奇异果 1 个，黄油少许，奶油芝士 150g，奶油 150g，白糖 3 大勺，装饰用食材（草莓几个，奶油 100ml+白糖 1 大勺）

1 将草莓和奇异果切成 1cm×1cm 大小的块儿，用厨房纸吸收掉水分。

2 把奶油和放在常温中的奶油芝士、白糖一起，搅拌均匀。

3 在面包片上抹上黄油，把奶油和奶油芝士混合后抹在面包片上，再在上面放上一些之前切好的草莓和奇异果。

4 再涂抹一层奶油。

5 用抹上黄油的另一片面包盖在奶油上面，再重新涂抹一次黄油、奶油、水果和面包片，用保鲜膜包裹好，放置于冰箱中 1 个小时。

6 当其变硬后，将保鲜膜去掉，切除边缘之后分成 4 等份，把切好的小块面包放入英格兰松饼杯中。

052

草莓芝士茶杯

可以用杯子简单制作的芝士茶杯。
放上一些草莓，会非常清爽。

材料 | 4 人份

奶油芝士 200g，原味酸奶 100g，奶油 100ml，粉状明胶 2g，水 1 大勺，做馅儿的食材（草莓 4 个，白糖 1 大勺，柠檬汁 1 小勺），装饰用食材（奶油少许）

1 将粉状明胶浸泡在水中。把用作馅的草莓、白糖 1 大勺和柠檬汁 1 小勺放在一起，用叉子将草莓大致碾碎。

2 将奶油芝士放入耐热碗里，加热 15 秒左右。

3 放入白糖，用泡沫机搅拌均匀。

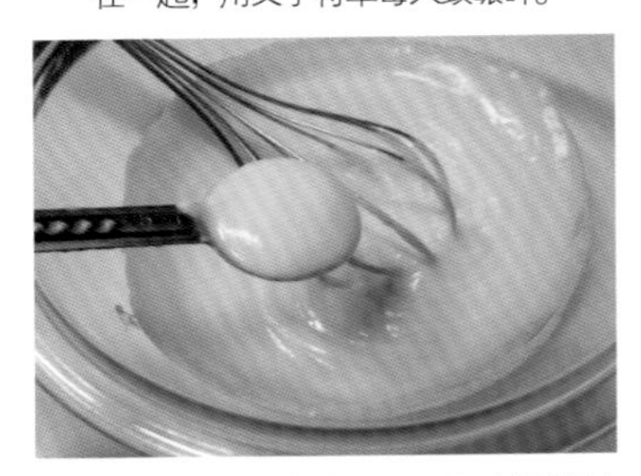

4 倒入一些原味酸奶，用泡沫机搅拌均匀。

5 放入一些奶油，再放入一些碾碎的草莓，用泡沫机搅拌均匀。将盛有泡好的明胶的碗用水蒸一下，当明胶熔化后倒入碗里，混合均匀。

6 将混合物分别装入甜点杯，再将甜点杯放入冰箱中硬化即可。

TIP 当将溶化的明胶与其他食材混合的时候，存在温度差时明胶很容易硬化，所以最好先把芝士馅儿放入明胶中再进行搅拌。

053

苹果芝士松饼

加入了脆苹果的苹果芝士松饼，
用白雪烤饼粉就可以轻松制作。

材料 | **4人份**

苹果半个（柠檬汁1小勺，白糖1大勺）
白雪烤饼粉150g，白糖15g，鸡蛋1个，牛奶70ml，黄油50g，玉米罐头50g，芝士两张，火腿片2片，芝士粉少许、干荷兰芹少许
烤箱：在180℃烘烤25分钟

1 苹果带皮切成7mm×7mm大的小块，放入柠檬汁和白糖，轻微熬制。

2 把火腿片和芝士片也切成同苹果丁一般大小。

3 把黄油放进微波炉内加热1分钟，使其熔化。

4 把苹果、芝士、火腿、玉米放进熔化的黄油中。

5 在小碗里放入鸡蛋、牛奶、白雪烤饼粉、白糖，然后搅拌均匀。

6 将各种调制好的材料盛在杯子里，最后放进烤箱烘烤。

TIP 烤箱需要预热，可以使用陶瓷碗或者预热碗。

054

无花果芝士蛋挞

与味道鲜美的无花果搭配的芝士蛋挞，
表面是脆脆的派，里面是柔软的芝士蛋糕。

材料 |
15cm 的蛋挞模具 1 个，6cm 的蛋挞模具 5 个，无花果 3~4 个，蛋挞（黄油 70g，糖粉 50g，蛋黄 1 个，低筋面粉 140g，盐约 0.2g），芝士馅（奶油芝士 200g，白糖 40g，鸡蛋 1 个，黄油 30g，奶油 30ml），杏仁酱 2 大勺，水 2 大勺
烤箱：170℃烘烤 30 分钟，然后调至 180℃烘烤 25 分钟

1 在常温下搅拌黄油，加入糖粉、蛋黄和 0.2g 盐，充分搅拌使其均匀混合。

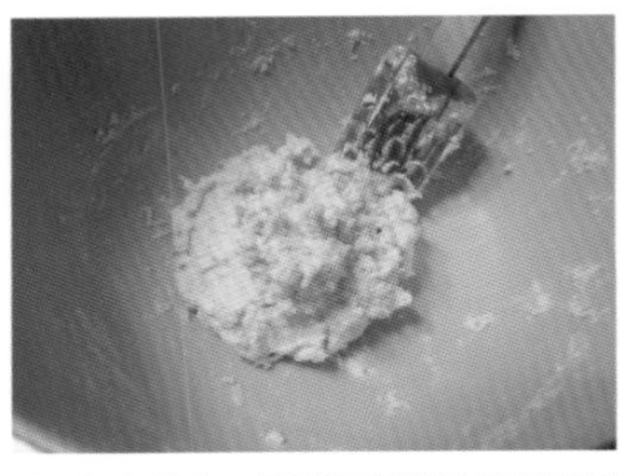

2 取少量水，用筛子慢慢地将低筋面粉筛入水中，将其轻轻搅拌成一团，放冰箱冷藏一个小时。

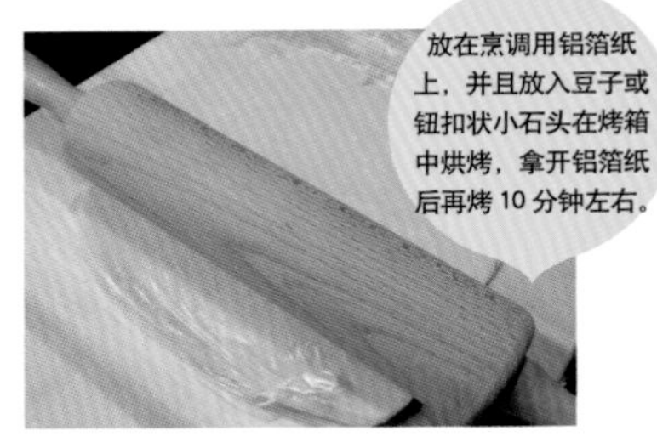

放在烹调用铝箔纸上，并且放入豆子或钮扣状小石头在烤箱中烘烤，拿开铝箔纸后再烤 10 分钟左右。

3 取出面团，取部分放在模具里，用擀面杖将其擀成片状，把边缘多余的面团切掉，最后用叉子在模具底面的面团上弄出几个洞。

4 在常温下把白糖加到奶油芝士里，搅拌之后再加入黄油和鸡蛋，再次搅拌，然后加入奶油混合，最后倒入蛋挞模具里，在烤箱里烘烤 5 分钟。

5 把装饰用的无花果块。

6 把蛋挞冷却后，用筛子筛一些糖粉撒在上面，用奶油和无花果做顶部装饰。把 2 大勺杏仁酱和 2 大勺水在微波炉里加热 30 秒后，用刷子均匀地涂抹在无花果上面。

TIP 制作蛋挞的时候加入红豆酱或压石是为了使面团不会膨胀。

055

苹果蛋糕

添加了腌制的苹果的苹果蛋糕，吃起来口感更加筋道而且味道更加鲜美。用白雪烤饼粉就可以轻松制作。

材料 |

20cm 蛋挞模具 1 个（或者 15cm、11cm 模具各 1 个），一个苹果，装饰用食材（蔓越莓、杏仁片若干），蛋糕原料（白雪烤饼粉 170g，鸡蛋 1 个，白糖 50g，牛奶半杯），熬制苹果用的材料（黄油 10g，白糖 5 大勺，柠檬汁 1 大勺），黄油若干，低筋面粉少许

烤箱：170℃烘烤 30 分钟。

1 将苹果切成 2cm × 2cm 大的小块。

2 在平底锅里放入黄油和白糖，用小火煮。待颜色呈褐色时，放进苹果块和柠檬汁，熬制到没有水分后，放在一边冷却备用。

3 在小碗里放入鸡蛋和白糖，然后用搅拌器充分搅拌，最后加入牛奶。

4 缓慢地加入白雪烤饼粉，防止产生小疙瘩。

5 用黄油抹一下蛋挞模具，撒一些低筋面粉，再放入面团。把冷却的苹果和蔓越莓、杏仁片放上去，在烤箱里烘烤。

TIP 熬制苹果的时候不能搅拌，否则会使糖浆硬化。
煮的时候要用小火，一定要等它变成褐色后才可加入苹果块和柠檬汁。

056

巧克力香蕉蛋奶酥

用香蕉和巧克力烤的蛋奶酥，吃起来柔软美味。将其当作周末的早餐是个不错的选择。

材料 | 4 人份

巧克力板 50g，香蕉 1~2 根，白雪烤饼粉 50g，鸡蛋 3 个，白糖 60g，热水少许，糖粉少许，黄油少许

烤箱：160℃蒸 25 分钟

1 把巧克力板切成小块，用水蒸，使其熔化。

2 把香蕉切成 1cm 厚的片。

3 在耐热碗里面抹一层黄油，撒一点白糖，然后放入切好的香蕉。

4 将鸡蛋的蛋清和备用的白糖的一半放在一起搅拌，制作调和蛋白。把蛋黄和剩下的一半白糖放入熔化的巧克力中。

5 把硬化的白色的调和蛋白分两次放进蛋黄和巧克力制作的混合物中，轻轻搅拌。

6 把混合物倒入杯子里，用木筷子刮平顶部，用拇指整理杯子的边缘，再用盛有深 2cm 热水的锅蒸熟即可。

TIP 用水蒸的时候，用热水泡一下平底锅，水蒸气会更加均匀柔和。

057

柚子柿饼意大利面包

圣诞节的时候经常吃的水果面包。
这次是我们自己用苹果、柚子和柿饼制作成功的。

材料 | 6cm×5cm 的英格兰松饼杯 12 个
面团（高筋面粉 400g，牛奶 160ml，干酵母 2 小勺，盐 1 小勺，白糖 70g，黄油 80g，鸡蛋 2 个，蜂蜜 1 大勺），内馅（柚子 50g，苹果 50g，柿饼 50g，朗姆酒 3 小勺，白糖 3 大勺，核桃 50g），糖粉少许
烤箱：180℃烘烤 15~20 分钟

1 准备好苹果、柿饼、柚子。

2 将苹果带皮切成 5mm×5mm 大小的丁，加入白糖 1 大勺，朗姆酒 1 小勺，熬制到没有水分。

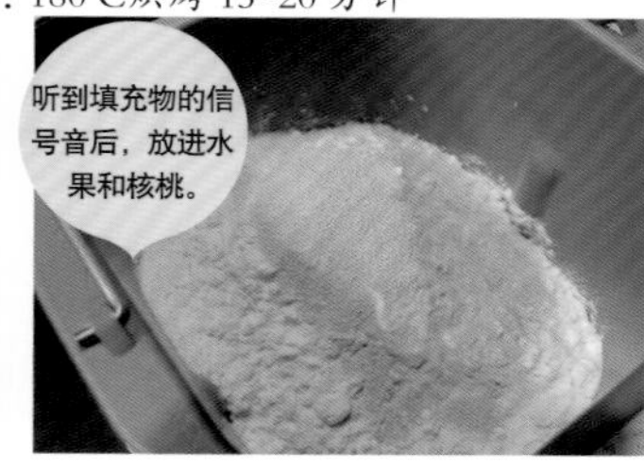

3 在面团机里放入高筋面粉、牛奶、干酵母、盐、白糖、黄油、鸡蛋、蜂蜜，进行第一次发酵。

4 这就做好了第一次发酵的面团。

5 压一压面团，把气体排出来后用圆勺舀出，做成重约 80g 的圆形球，用塑料膜将其松弛地包住，再发酵 15 分钟左右。

6 完成发酵之后，再挤压出气体，弄成球状盛入杯子里，放在温暖的地方再进行发酵，待其膨胀至原体积的 2 倍左右时，放进烤箱里烘烤。

TIP 意大利面包本来体积较大，但是为了吃起来方便，所以选择用英格兰松饼杯来盛放。

058

香蕉热巧克力

在热巧克力里面放一些香蕉，会给人充实的感觉。

材料 | 2人份

香蕉1根，巧克力板50g，牛奶240ml，装饰用香蕉、杏仁片若干

1 准备一块巧克力板。

2 将巧克力板切成小块，然后用水蒸，使其熔化。

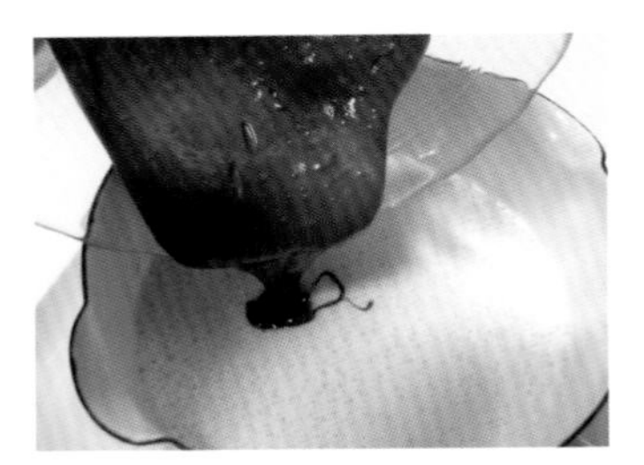

3 将香蕉切成较大的块，然后与牛奶一起放在搅拌机里搅拌成汁。将搅拌好的汁放入小锅里，再把熔化好的巧克力加进去。

4 一边用小火给小锅加热，一边用搅拌器搅拌，待其充分混合后即可出锅。

059

无花果芝士蛋糕茶杯

香喷喷的芝士里面加入无花果，美味又营养。

材料 | 4~5 人份

无花果 3 个，奶油芝士 250g，白糖 4 大勺，柠檬汁半大勺，原味酸奶 140g，粉状明胶 8g+ 水 40ml，奶油 100ml，无花果酱少许

1 留 1 个无花果作为装饰用，将剩下的 2 个切成 1cm × 1cm 的小丁，在切好的小丁中加入 2 大勺白糖。

2 把奶油搅拌至 60% 左右的程度。

柠檬汁和原味酸奶分成两次加入。

3 将常温的奶油芝士和剩下的白糖放在小碗中搅拌。搅拌至奶油状后加入柠檬汁、原味酸奶。

4 将用水泡过的明胶倒入。

5 加入打发的鲜奶油，轻轻地搅拌后加入砂糖和无花果。

6 将小碗中的材料装进甜点杯子里，放进冰箱使其硬化。待其硬化之后用无花果酱和剩下的无花果（需要切成适当大小的丁）做装饰。

TIP 无花果要选择熟透的。
新切开的无花果味道最好。

060

热巧克力蛋糕

表面是柔软的巧克力蛋糕，里面是浓浓的巧克力酱，趁热吃的话，真是非常诱人的美味。

材料 | **3~4 人份**

牛奶巧克力 25g，牛奶 200ml，黄油 35g（常温），白糖 50g，蛋黄 1 个，蛋清 50g，低筋面粉 30g，无糖椰果粉 10g，发酵面粉 1/6 小勺，糖粉少许

烤箱：180℃烘烤 20 分钟

1 把牛奶巧克力切成小片，使其容易熔化。

2 在耐热杯子里面抹一些黄油。

3 把蛋清搅拌成调和蛋白放在阴凉处。

4 把牛奶巧克力放进煮沸的牛奶里熔化，待其冷却至常温后，将黄油和白糖放进去。待其混合均匀后加入蛋黄，最后用筛子撒一些低筋面粉、椰果粉和发酵面粉。

5 把放在阴凉处的调和蛋白也加进来，轻轻搅拌。

6 分别盛入抹了黄油的杯子里。在平底锅里放一些热水，将杯子放到锅里蒸一下即可。

061

无花果三明治

具有清肠功效的酸奶加上可以预防便秘的无花果，可以制作出健康又美味的三明治。

材料 | 2人份

面包4片，无花果2个，绿奇异果1个，黄油少许，酸奶奶油（奶油100g，原味酸奶150ml，白糖1大勺）

1 准备谷物面包。

2 将无花果和奇异果切成1cm×1cm大小的小丁，用厨房纸除去水分。

3 将原味酸奶倒入小碗里中，加入常温的奶油、白糖，充分搅拌至没有颗粒。

4 取一片面包，在其一面抹上常温的黄油和酸奶奶油，然后在其上面放一些奇异果和无花果。

5 再在放了无花果和奇异果的面包片上抹一些酸奶奶油。再取一片面包抹上黄油，将其盖在做好的面包片上，最后用保鲜膜封住，放进冰箱冷藏一小时。

6 切除四边后，切成三等份。

TIP 在面包上薄薄地抹一层黄油，可以防止面包片吸收水分，味道会更好。

062

菠萝小蛋糕

用菠萝和面包煎蛋可以制作小蛋糕，还可以做成冰淇淋。

材料 | **2人份**

菠萝3片，奇异果1个，面包1~2片，酸奶奶油（原味酸奶，奶油1/4杯，白糖1大勺），奶油1杯，白糖1大勺，装饰用巧克力、薄荷叶少许

1 面包按一口的大小切成块。

2 把菠萝和奇异果也切成一口大小的块。

3 把原味酸奶和白糖、奶油混合，制作酸奶奶油。在玻璃杯里放入一半的面包和水果，然后加入酸奶奶油。

4 反复将面包、水果、奶油按顺序放到玻璃杯中。

5 用白糖和搅拌好的奶油将其装饰得像冰淇淋一样，最后再放一些菠萝和奇异果。

TIP 小蛋糕是把蛋糕、水果、奶油一层层摞起来的英国甜点，这里可以用面包代替蛋糕。

063

奶油蛋糕巧克力

吃上一块香浓丝滑的奶油蛋糕巧克力，还能赶走忧郁的情绪呢。

材料 | **15cm 的蛋糕模具一个，羊皮纸**

牛奶巧克力 50g，黄油 40g，无糖椰果粉 35g，蛋黄 3 个，白糖 40g，奶油 40ml，蛋清 3 个，白糖 40g，低筋面粉 15g，糖粉少许

烤箱：160℃烘烤 45 分钟

1 将巧克力切成小块，用水蒸容器使其熔化。

2 将白糖分 3 次加入蛋黄中，搅拌使其溶化。

3 将熔化好的巧克力放进去一起搅拌。

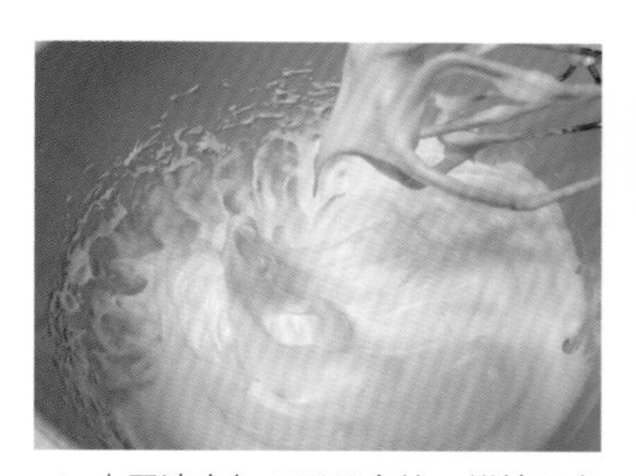

4 在蛋清中加入适量白糖，搅拌至变硬。

5 将奶油放进搅拌了蛋黄、白糖和巧克力的小碗里，使其混合。用筛子撒将椰果粉和低筋面粉，分两次撒进调和蛋白中，轻摇使其混合。

6 用羊皮纸将模具包住，然后将做好的面团放入模具中。待烘烤完模具冷却了之后，将奶油蛋糕巧克力从模具里分离出来，最后撒一些糖粉。

064

水果华夫三明治

在巧克力华夫里面加入柔软的奶油和清爽的水果，就可制作成水果华夫三明治。

材料 | **华夫饼若干**

华夫面团（巧克力烤饼粉 175g，牛奶 80ml，鸡蛋 1 个，植物油 1 大勺），蛋奶冻奶油（低筋面粉 1 大勺，白糖 3 大勺，鸡蛋 1 个，牛奶 1 杯，黄油一大勺），水果（野草莓等一些当季水果），糖粉少许

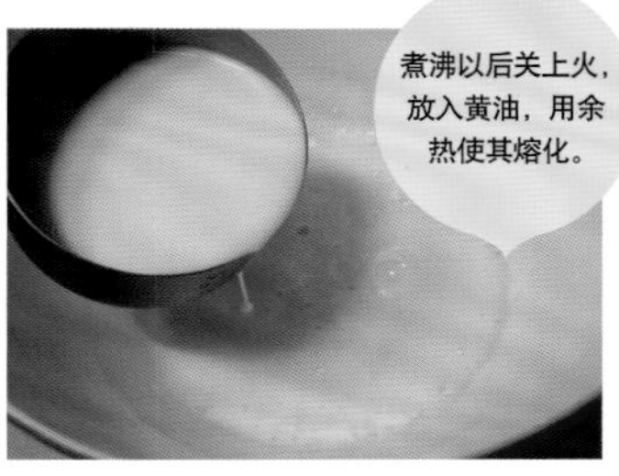

1 在小碗里放进白糖和低筋面粉混合，然后将鸡蛋、牛奶放进去混合均匀，用中火加热，搅拌至黏稠状。

2 调好后盖上保鲜膜，防止表面硬化。

3 清洗要放进三明治中的水果。

4 在小碗里放入第一步中做好的蛋奶冻奶油，再放 1 大勺植物油和一些巧克力烤饼粉，用搅拌器充分搅拌后，薄薄地铺在预热的华夫饼上。

5 放到冷却网上冷却，使其变脆。

6 取出一块来，先抹上蛋奶冻奶油，再放进水果，再抹一些奶油，另取一片华夫饼盖上。

065

草莓华夫

用华夫和草莓制作而成的奶油蛋糕，漂亮又美味。

材料 | **7cm 大小的华夫饼 7 个**

华夫粉（或白雪烤饼粉）250g，冷冻的草莓 150g，鸡蛋 1 个，植物油 60ml，装饰用食材（冷冻的草莓适量，奶油 200ml，白糖 1 大勺，杏仁片适量）

1 将冷冻的草莓稍稍解冻，然后将其碾碎。

2 用搅拌器将鸡蛋搅拌好后，放进小碗里，将碾碎的草莓放进去。

3 将华夫粉和植物油也放进小碗里搅拌，做成面团。

4 在预热好的华夫饼锅里均匀地抹上一层油，然后将没有颗粒的面团放进去烤，直至面团成油黄色。

5 将烤成油黄色的面团取出，放在冷却网里冷却。

6 取 1 大勺白糖放在奶油里，搅拌之后放在冷却好的华夫饼上，然后用草莓和杏仁片装饰，最后撒一些糖粉即可。

TIP 将制作好的华夫饼放进冰箱冷冻存放，可以随时将其拿出制作多种点心。

066

摩卡甘纳许

桃心的黑巧克力中带有浓郁的咖啡香味，就是摩卡甘纳许的特点。

材料 | **20 个量**

摩卡甘纳许（白巧克力 150g，奶油 50ml，速溶咖啡 1 大勺半，热水 2 小勺，咖啡酒 1 小勺），桃心巧克力（黑巧克力 200g，装饰用咖啡豆巧克力 20 个）

1 把白巧克力切成小片。

2 将奶油放在锅里煮，在煮沸之前关火，然后将切好的白巧克力放进锅里溶化。

3 将速溶咖啡放入热水中溶化，然后将其放进盛有奶油和溶化的巧克力的小锅里，再加入咖啡酒。把小锅放进冰箱冷藏 2 小时使其硬化。

4 往铝制的巧克力杯中倒入半杯回火的黑巧克力，用手旋转巧克力杯，使巧克力均匀地涂于杯上，制作巧克力杯。

5 把硬化的甘纳许放进裱花袋里，然后挤到巧克力杯中，填至巧克力杯的 70% 左右。

6 用回火的黑巧克力将巧克力杯填满。待其硬化后将黑巧克力放进裱花袋里，在巧克力杯的顶部为其制作一些纹样，在其硬化之前放上咖啡豆巧克力装饰。

TIP 回火是调整巧克力温度的过程，目的是让巧克力的味道更美、外形更有光泽。如果觉得回火较麻烦，使用不回火的巧克力也可。

067

泡芙

像雪花一样轻飘、美味的法国点心。

材料 | 3cm 左右的泡芙 30 个

牛奶 40ml，黄油 30g，水 30ml，白糖 1 小勺，盐少许，低筋面粉 40g，鸡蛋 1 个，大颗粒白糖少许

准备物：裱花袋，模具，喷雾器

烤箱：180℃烘烤 25 分钟

1 将冰凉的黄油切成小块。将牛奶、黄油、水、白糖、盐放进小锅里，加热至煮沸时关火。

2 用筛子往小锅里撒低筋面粉，使其与锅里的液体混合均匀。

3 再用小火加热，用饭勺将锅里的混合物摇匀，待水分蒸发后，做成面团。

4 关火。打一个鸡蛋放进去，使其融入面团中。

5 将 1cm 大小的模具套在裱花袋上。在平底锅里抹上黄油，用裱花袋挤出 2.5cm 大小的面团。

在烘烤过程中将烤箱门打开的话，泡芙就不会浮起来。

6 用喷壶给面团喷洒一点点水，撒一些大颗粒白糖，然后将面团的顶部一一稍微按压一下。

068

柿饼白巧克力

甜美的白色巧克力加上筋道的柿饼，吃起来香浓美味。

材料 | **松露巧克力 25~30 个**

白巧克力 150g，黄油 20g，奶油 60ml，橙子酒 10ml，柿饼（或者柿子干 60g），椰果片 80g

准备物：四角形密闭容器（10cm×15cm）

1 将柿饼切成适当大小的块。

2 将白巧克力切成小片放入容器里蒸一下，使其熔化。

3 加热奶油至沸腾后，将黄油和熔化的白巧克力，以及柿饼和橙子酒加入其中，然后搅拌均匀。

4 装入密闭容器中后，置于阴凉处 6 小时，使其硬化。

5 待其硬化完成后，用两个小勺舀出，舀成球状物。

6 在椰果片里滚一下，然后调整下形状。

TIP 也可以做成四方形，再粘上椰果片。

069

坚果甘纳许

这是一种既有甘纳许的柔滑，又有坚果类的醇香的巧克力。

材料 | **坚果甘纳许 20 个**

牛奶甘纳许（巧克力 150g，奶油 50ml，巧克力酒 2 大勺），巧克力杯（牛奶巧克力 150g），内馅（开心果、核桃仁各 1 把）

1 用调温牛奶巧克力来制作甘纳许。

2 在奶油即将煮沸之前关火，然后将巧克力切块后放进去。

3 再将巧克力酒倒入混合，然后放入冰箱硬化 1 小时。

4 将回火的牛奶巧克力放进巧克力杯中，填充至杯子的一半左右，然后一边旋转杯子一边整理内侧。这样巧克力杯就做好了。

5 将用作内馅的坚果切好。

6 待巧克力杯硬化后将坚果放进去。然后将甘纳许放进套着模具的裱花袋里，将其挤到坚果上面。

TIP 可以用朗姆酒替代巧克力酒。

070

柑橘芝士蛋糕茶杯

酸酸甜甜的柑橘裹在芝士蛋糕里面，真是不错的小甜点。

材料 | **4 人份**

芝士蛋糕（奶油芝士 100g，牛奶 50ml，白糖 2 大勺，柠檬汁 1/2 大勺，粉状明胶 2g，水 2 大勺，奶油 50ml），柑橘 3 个（1 个用于装饰），蜂蜜（也可以用枫糖代替）少许

1 将柑橘剥开后去除表面白色的丝。

2 将奶油芝士置于常温下，使其变柔软。然后将奶油放进小碗里搅拌至酸奶的黏稠程度。

明胶粉泡水充分发泡，并且将牛奶置于室温中。

3 在另一个碗里放进奶油芝士和白糖，轻轻搅拌。

4 再将柠檬汁和常温的牛奶加入放有奶油芝士的碗中。

5 将泡于水中的明胶加热溶化后倒入装有奶油芝士的碗里，再加入之前搅拌黏稠的奶油。

6 将柑橘分别放进点心杯子里，然后倒入小碗中调制好的材料，填至杯子的 80% 左右后放入冰箱进行硬化。

TIP 完成之后将剩下的柑橘分成 3 片在顶部装饰，再抹一些蜂蜜或撒一些枫糖，如果再放上一片薄荷叶的话，会让这道甜点显得更加清爽。

酥脆清凉的茶杯甜点

071

蛋奶酥芝士蛋糕

柔软的蛋奶酥芝士蛋糕，用杯子烘烤，更方便分着吃。

材料 | 布丁杯 7 个

奶油芝士 300g（常温），酸奶油（或者原味酸奶）200ml，白糖 70g，香草白糖 1 包（8g），鸡蛋 3 个，玉米淀粉 3 大勺，柠檬汁 1 大勺，装饰用食材（奶油 150ml，白糖 1 大勺，草莓若干，糖粉若干）

烤箱：160℃烘烤 50 分钟

1 在常温下把蛋清和蛋黄分离。

2 把准备好的白糖放一半在奶油芝士里，轻轻搅拌。再加入酸奶油，搅拌后加入一个蛋黄搅拌。

3 把准备好的白糖放一半在奶油芝士里，轻轻搅拌。再加入酸奶油，搅拌后加入一个蛋黄搅拌。

4 在另一个碗里加入蛋清和余下的白糖，制作调和蛋白。

5 将调和蛋白倒入面团里轻轻搅拌。

6 将面团填满布丁杯的 80%，在平底锅上盛上 1cm 高的水，放入烤箱里烘烤。

072

巧克力茶杯蛋糕

加入很多巧克力和核桃，烘烤得香喷喷的巧克力蛋糕

材料 | 5.5cm × 4cm 的英格兰松饼杯 6 个

黄油 100g，白糖 70g，无糖椰果粉 20g，鸡蛋 2 个，低筋面粉 100g，发酵粉一小勺，巧克力板 80g，核桃 40g，装饰用食材（涂层用的白巧克力，牛奶巧克力一些）

烤箱：180℃烘烤 25~30 分钟

1 准备市面上卖的巧克力板、无糖椰果粉和核桃。

2 在厨房用塑料袋里装入巧克力和核桃，用圆棒擀至粉碎。

3 在常温下，轻轻搅拌黄油。

4 加入白糖和椰果粉，在常温下打一个鸡蛋，分 3 次加进去搅拌均匀。

5 用筛子撒下低筋面粉和发酵粉，用搅拌器轻轻搅拌。

6 加入核桃和巧克力，填满杯子的 80%。冷却之后，将涂层用的巧克力熔化，装饰一下。

073

菠萝年糕蛋糕

年糕蛋糕中加入了富含膳食纤维的菠萝，既有助于消化，热量也很低。

材料 | 11cm 的硅胶模具 5 个

粳米粉 500g，水 5 大勺，白糖 3 大勺，菠萝 260g，白糖 2 大勺，蔓越莓 30g，植物油一些，朗姆酒 1 大勺，装饰用食材（涂层用的巧克力，杏仁片一些）

1 把菠萝切成 1cm×1cm 大小的小块，加入准备好的白糖，在大火里煎 3 分钟左右。

2 在大锅里煮水，加入米粉和用筛子筛的白糖，再加入菠萝和处理过的蔓越莓。

3 轻轻搅拌。

4 在硅胶模具内侧抹上植物油，加入米粉，把顶部抹平。大火蒸 25 分钟左右，关火后焖 5 分钟。

5 把盘子贴在顶部，倒扣盘子上。

6 拿走硅胶模具后，可以完成年糕蛋糕。用剩下的菠萝装饰。

TIP 水果经过前处理后，会更加水润且有风味。
用水洗之后倒进朗姆酒，加热熬至没有水分。

074

无花果茶杯蛋糕

用白雪烤饼粉轻松制作的又甜又筋道的茶杯蛋糕。

材料 | 4cm × 3cm 的迷你英格兰松饼杯 12 个

白雪烤饼粉 150g，鸡蛋 2 个，白糖 70g，黄油 100g，干无花果 80g，核桃 30g，烤箱：180℃烘烤 20~25 分钟

1 将干无花果切成 7mm × 7mm 大小的丁，核桃也一样。

2 在常温下轻轻搅拌黄油，分 3 次加入白糖和鸡蛋搅拌均匀。

3 加入白雪烤饼粉。

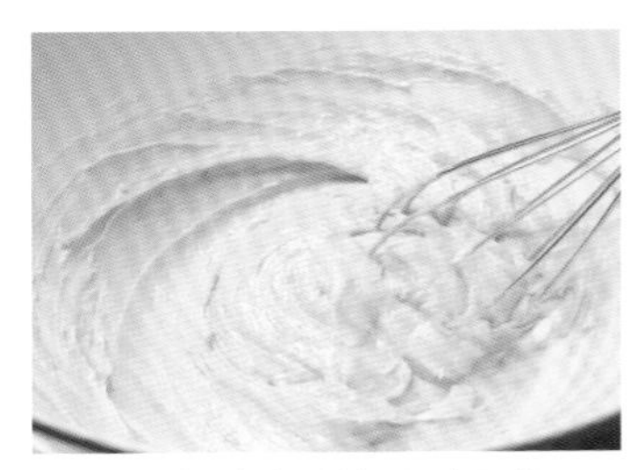

4 用搅拌器轻轻搅拌至没有颗粒。

5 留下一些无花果做装饰用，其他都加入到面团里。

6 把面团装进杯子里 80% 左右，放入烤箱中烘烤。冷却之后，用奶油和无花果做顶部装饰。

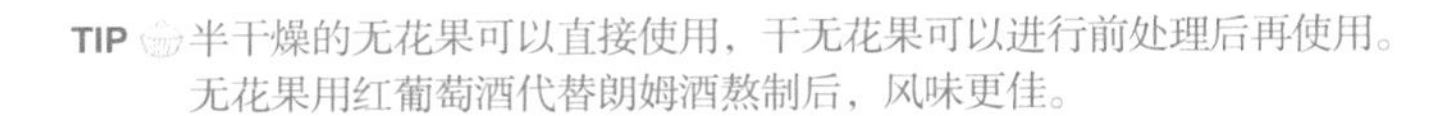

TIP 半干燥的无花果可以直接使用，干无花果可以进行前处理后再使用。无花果用红葡萄酒代替朗姆酒熬制后，风味更佳。

075

迷你柑橘蛋糕

可口的迷你蛋糕，辅以有助于预防感冒的柑橘，很适合下午茶。

材料 | **长 11.5cm，厚 3.5cm，高 4cm 的迷你蛋糕纸杯 3 个**

柑橘 2 个，低筋面粉 100g，发酵粉 1 小勺，黄油（常温）100g，白糖 40g，鸡蛋（常温）2 个

烤箱：190℃烘烤 25 分钟

1 选择较小的柑橘两个，剥去白色的细丝。

2 用搅拌器搅拌黄油，分 2 次加入白糖混合，分 3 次加入鸡蛋。

3 将过筛的低筋面粉和发酵粉搅拌在一起。

4 用筛子撒低筋面粉和发酵粉。

5 将面团装入迷你蛋糕杯子里，在上面轻轻放上柑橘 4~5 块，在烤箱里烘烤。

6 将 2 大勺杏仁酱和 1 大勺水的混合汁在微波炉里加热 20 秒左右，用刷子趁热涂到蛋糕上，使蛋糕更加光泽。

TIP 烘烤完的蛋糕，用刷子涂上加热的杏仁酱和水的混合汁，可以更加水润、可口。

076

菠萝乳蛋饼

作为简单的一顿饭，很有人气的蛋饼。
不需要做派的面团，只用冰箱里的面包和水果就能简单制作。

材料 | 13.5cm × 10cm 的派模具 2 个或者 18cm 的模具 1 个

菠萝 150g，无花果 2 个，蒜蓉法棍 2 块，馅料（鸡蛋 2 个，牛奶 100ml，奶油 100ml，瑞士芝士粉 3 大勺，白糖 2 大勺）

1 准备菠萝、无花果、蒜蓉法棍。

2 制作馅料。在小锅里放入鸡蛋。放入牛奶、奶油、瑞士芝士粉、白糖。

3 搅拌均匀至无颗粒。

4 在派碗里加入切成一口大小的法棍。

烤完后趁热把碗拿出来就可以了。

5 将 4 等份的无花果和菠萝放入碗里，将馅料倒满碗的 80% 左右，在预热的烤箱里烘烤。

TIP 乳蛋饼是法国料理，是将鸡蛋、奶油、芝士、洋葱、火腿等作为馅料烘烤的一种派，可以使用多种馅料。

077

蜜桃蛋挞

蛋挞像蛋糕一样柔软，又有蜜桃的营养。

材料 | 10cm 的蛋挞模具 5 个

有机蜜桃 2 个，野草莓、蓝莓适量，蜜桃酱适量，蛋挞面团（低筋面粉 130g，发酵粉 1 小勺，白糖 80g，盐少许，黄油 80g，鸡蛋 2 个，牛奶 1 大勺）

烤箱：180℃烘烤 20 分钟

1 把黄油轻轻地抹在蛋挞模具内侧，撒一些高筋面粉，再将剩下的倒进去。

2 在常温下搅拌黄油。

将蛋挞模具预先烘烤后放进冷冻室，可以随时拿出来制作水果蛋挞。

3 将低筋面粉和发酵粉用筛子撒到碗里，用牛奶调整稠度。

4 将面团装满蛋挞模具的 80%，放入烤箱烘烤。

5 有机蜜桃不要去皮，切成 1.5cm × 1.5cm 大小的块 。

6 将烘烤过的蛋挞模具冷却之后，抹上蜜桃酱，再填满蜜桃和当季水果。

TIP 白糖分 3~4 次加入，盐、常温的鸡蛋也加进去搅拌。

078

迷你香蕉蛋挞

可以不用烤箱，用面包和香蕉制作的又香脆又清爽的迷你蛋挞。

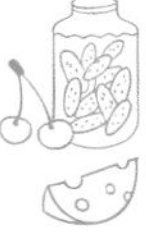

材料 | 2人份

香蕉3个，三明治面包4片，橄榄油适量，柠檬汁适量，喀曼波特芝士适量，当季水果适量

准备：5cm的圆形模具

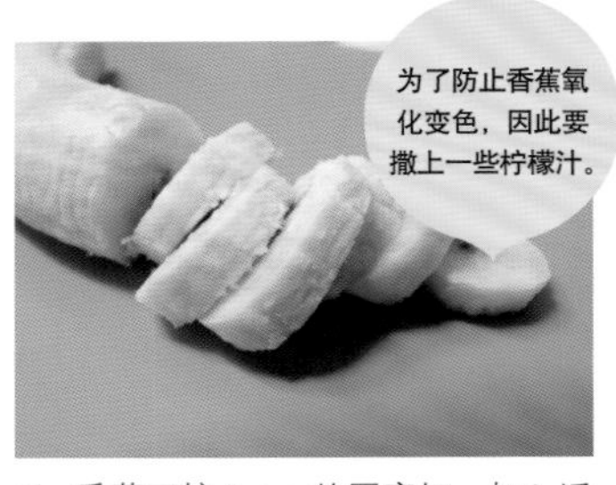

1 香蕉可按8mm的厚度切，加入适量柠檬汁。

2 把三明治面包用圆形模具切成圆形。

3 在倒入橄榄油的锅里煎一下，变黄色的时候拿出来。

4 把喀曼波特芝士放到上面，再放一些香蕉和当季水果。

079

摩卡茶杯蛋糕

用很适合下午茶时间的咖啡和巧克力制作的有摩卡香味的茶杯蛋糕。

材料 | 4.5cm 的茶杯蛋糕 24 个

黄油 100g，白糖 70g，鸡蛋 2 个，低筋面粉 100g，发酵粉 1 勺，巧克力 70g，速溶咖啡 1 小勺，装饰用咖啡奶油（奶油 250ml，白糖 25g，速溶咖啡半大勺，咖啡酒 1 大勺），咖啡豆巧克力 24 个

烤箱：180℃烘烤 20 分钟

1 将巧克力切成小片。

2 在常温下搅拌黄油，加入白糖，搅拌均匀。在常温下，打入一个鸡蛋搅拌。

3 将低筋面粉和发酵粉用筛子撒进去，用搅拌器轻轻搅拌。

4 将低筋面粉和发酵粉用筛子撒进去，用搅拌器轻轻搅拌。

5 把面团分别盛入模具中，在烤箱里烘烤之后，放在冷却网上冷却，用咖啡奶油装饰。

080

迷你甜柿子年糕蛋糕

用又脆又甜的甜柿子制作的玫瑰形状的迷你年糕蛋糕。制作方法简单，热量也低。

材料 | **迷你年糕蛋糕 12 个**

甜柿子 1 个，粳米粉 50g，水 5 大勺，白糖 4 大勺，植物油适量，南瓜籽适量

准备物：蒸器皿，大锅，美式硅胶模具

1 甜柿子切成 5mm × 5mm 的小丁，加入一大勺白糖，在大火里煎 3 分钟。

2 把植物油抹在玫瑰形硅胶模具内侧。

3 用花瓣形的模具切出甜柿子做装饰用。

4 在米粉中倒入水，搅拌均匀，用筛子筛一筛。

5 加入 3 大勺白糖，混合均匀后，放入煎好的甜柿子，轻轻搅拌。

6 装进硅胶模具，把上表面铺平，大火蒸 25 分钟后，关火焖 5 分钟。完成之后，用南瓜籽和甜柿子装饰。

TIP 添加一些黏米，可以更筋道更好吃。

2 POUNDS NET.

第二部

健康的蔬菜多多

清淡可口的茶杯甜点

081

紫薯拿铁

用富含花色苷的紫薯和牛奶制作，柔软又可以预防便秘。

材料 | 2~3 人份

紫薯 200g，牛奶 2 杯，枫糖 3 大勺，装饰用食材（奶油 150ml，白糖 1 大勺，桂皮粉适量）

1 准备 200g 紫薯。

2 剥皮之后，切成 1.5cm 厚度。

3 搅拌机里倒入枫糖和牛奶，将蒸好的紫薯放进去搅拌。

4 将液体倒进小锅，将剩下的一杯牛奶加进去。

5 煮沸之前关火，倒入杯子，放一些用白糖搅匀的奶油做装饰。

6 撒一些桂皮粉。

TIP 紫薯具有丰富的花色苷，可以防止老化，预防成人病，具有抗癌效果，还能帮助减肥。

082

红参果冻

把有一点苦的 100% 红参液制作成果冻，再放些坚果就能完成名品点心。

材料 | 4~5 人份

红参液 330ml，蜂蜜 3 大勺，粉状明胶 4g+ 水 2 大勺，装饰用食材（大枣 4 颗，松子 1 把，开心果适量，蜂蜜 2 大勺）

1 将粉状明胶用水浸泡。

2 在小碗里倒入红参液和蜂蜜，中火熔化。

3 蜂蜜熔化之后关火，加入明胶搅匀。

4 分别装进杯子里，放冰箱硬化。

5 硬化期间，制作装饰用的坚果。大枣去皮后，切成小片，开心果也要碾碎。

6 把坚果放进锅里轻微地煎一下。注意：如果煎得过度会变硬。

083

红豆冰棒

利用剩下的红豆酱制作的可以看到红豆粒儿的充满回忆的红豆冰棒。做成小块，口感更好。

材料 | **迷你冰棒 6 个**
刨冰用红豆酱 160g，牛奶 100ml，胶粉 2g，黄糖 2 大勺

1 选择比一次性杯子更小的纸杯。

2 准备做刨冰用的红豆酱。

3 在小锅里放入牛奶、胶粉、黄糖，把所有红豆酱放进去煮 2 分钟左右，再冷却。

4 装满迷你纸杯的 2/3，插入木棍，放冰箱里冷冻。

TIP 利用夏天剩下的红豆酱，可以更简单地制作。

084

柿饼羊羹

可以制作柿饼羊羹，作为节日礼物献给想感谢的人。

材料 | **甜点小羊羹 12 个**

胶粉 10g，水 2 杯，白色淀粉 400g，白糖 80g，糖稀 20g，蜂蜜 1 大勺，柿饼 4 个，大枣 7 颗，松子、开心果 1 把

1 将柿饼、大枣、开心果切成小块，松子清洗灰尘后去皮。

2 将胶粉放入两杯水里泡 20 分钟。

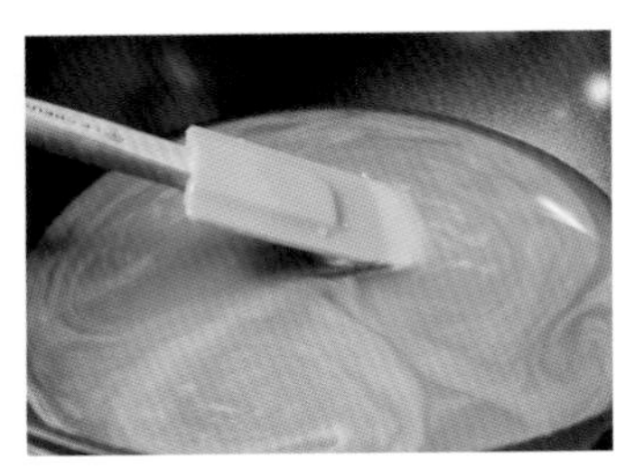

3 胶粉膨胀后，用饭勺搅匀。胶粉溶化呈透明色后，加入准备好的白糖，加热。

4 待白糖完全溶化后关火。倒入白色淀粉，再加热，用饭勺搅匀，不要让液体粘锅，中火煮 15 分钟。

5 15 分钟后放入柿饼、大枣、松子等，关火之前加入糖稀和蜂蜜。

6 羊羹模具里面抹一些水，将做好的液体倒进去，在常温下冷却硬化。

085

紫薯意大利冰淇淋

像迷你蛋糕一样漂亮又柔软清爽的点心。

材料 | 4~5 人份

紫薯 250g，糖稀 4 大勺，原味酸奶 3/4 杯，奶油 200ml

1 紫薯去皮蒸熟，趁热碾碎。

2 在碾碎的紫薯里加入原味酸奶和枫糖浆。

3 搅拌均匀。

4 在另一个碗里把奶油搅拌至酸奶状，与紫薯一起搅拌。

5 装进钢化密闭容器冷冻。

6 冷冻过半后，用叉子刮一下，重复 3 次。完成之后，倒进羊羹模具里面压实，形成迷你蛋糕的形状。

TIP 成品是一口能吃进的大小，可以很方便地享受甜点。

086

紫薯羊羹

不添加红豆淀粉，味道很淡，具有丰富的食物纤维。

材料 | **羊羹 14 个**

紫薯 400g，松子 50g，白糖 100g，糖稀 30g，蜂蜜 2 大勺，水 2 杯，胶粉 10g

1 紫薯蒸熟后碾碎。

2 将胶粉在水中浸泡 20 分钟。

3 胶粉膨胀之后，用饭勺搅匀并加热，加入白糖。

4 白糖熔化后关火，把碾碎的紫薯放进去。

5 重新加热，在煮沸后马上调至中火，用饭勺搅匀，煮 15 分钟左右。再加入松子、蜂蜜摇匀，继续加热。

6 羊羹模具内侧抹一些水，将羊羹倒入羊羹模具里，在常温下硬化。

TIP 紫薯的甜度较低，可以多放一些白糖或者糖稀。

087

紫薯布丁

不需要烤箱或者鸡蛋，就能简单制作的紫薯布丁。

材料 | **6~7 人份**

紫薯 300g（去皮后的重量），牛奶 200ml，白糖 5 大勺，粉状明胶 6g+ 水 3 大勺，装饰用食材（奶油 100ml+ 白糖 1 大勺，紫薯块适量）

1 紫薯去皮后，切成适当的大小，倒水至刚刚没过紫薯，开火加热，将紫薯煮熟。粉状明胶在水中浸泡 5 分钟左右。

2 紫薯留一些做装饰，其他跟牛奶、白糖一起在搅拌机里搅拌。

3 倒入小锅里加热至煮沸，再加入泡好的明胶。

4 常温冷却后，放进点心杯，在冰箱硬化。完成之后，用奶油装饰，把剩下的紫薯切成小丁放上去。

088

红薯蒙布朗

比板栗蒙布朗更好吃、更柔软的红薯蒙布朗。

材料 | 4 人份

红薯奶油（红薯 350g[去皮的重量]，牛奶 6 大勺，奶油 5 大勺，白糖 40g，黄油 20g，朗姆酒 1 小勺），红薯 1 个，奶油 200ml，白糖 1 大勺，杏仁片适量

1 红薯去皮后，切成适当的大小蒸熟。

放到碗里面还有些余温时，可以稍微压碎。

2 用搅拌机将蒸好的红薯、黄油、白糖、牛奶、奶油、朗姆酒一起搅拌成红薯奶油。

3 做成红薯奶油后装入套了圆形模具的裱花袋里。

4 把蒸好的红薯切成 1cm 厚块，放进布丁碗。

5 在上面铺上与白糖搅拌过的奶油。

6 用裱花袋在铺好的奶油上挤上红薯奶油，用红薯做顶部装饰。

TIP 用红薯制作的奶油具有丰富的膳食纤维，所以用蒙布朗的模具会很难挤，因此用圆形的模具。

089

南瓜枫叶布丁

就用当季的南瓜，不需要白糖、鸡蛋、牛奶也能制作的简单布丁。

材料 | 3~4 人份

迷你南瓜 270g，枫糖 3 大勺，豆奶 150ml，粉状明胶 6g，水 2 大勺，装饰用枫糖，掼奶油适量

1 粉状明胶在水中浸泡。南瓜块去籽去皮后蒸熟，再放在筛子上。

2 将明胶加热熔解后，与蒸好的南瓜、豆奶、枫糖一起放入搅拌机里搅拌。

3 分装至杯中，置于冰箱中凝固。

4 完成之后，放适量掼奶油，再撒一点枫糖。

090

红薯椰奶水果甜茶

用两种富含膳食纤维的健康食品，制作饱满的夏日甜点。就是用椰子做的东南亚风情的水果甜茶。

材料 | 2 人份

红薯 100g，香蕉 1 个，当季水果若干，椰奶糖浆（椰奶 100ml，牛奶 80ml，白糖 20g）

1 准备椰奶、牛奶和白糖。

2 一起混合，后将白糖溶解，制作成椰奶糖浆后加入冰箱冷藏。

3 红薯切成一口大小蒸熟，或者用微波炉烤熟。

4 将香蕉切成适当厚度，与当季水果一起冷藏。

5 在杯子里放入香蕉、红薯之后冷藏，再加入椰奶糖浆。

091

炒面茶布丁

把在夏天很受欢迎的炒面茶做成布丁，既有味道又有营养。

材料 | 100ml 布丁 6 个

炒面茶 40g，黄糖 60g，热水 50ml，牛奶 250ml，奶油 100ml，粉状明胶 9g，水 45ml

1 准备炒面茶、黄糖、牛奶、泡好的明胶。

2 在小碗里加入炒面茶和黄糖，倒入准备好的热水，再用搅拌器搅拌。

3 加入适量牛奶混合。

4 再放入奶油，加热至煮沸，关火后加入泡好的明胶。

5 用筛子筛后倒入碗里，下面放入冰块，摇匀至黏稠。

6 装进布丁模具里，放入冰箱硬化 2 小时。

092

香蕉红薯布丁

具有烤香蕉的甜美味道和红薯柔软的口感。
具有丰富的膳食纤维，预防便秘。

材料 | 2~3 人份

红薯 200g，枫糖 3 大勺，牛奶 1 杯，粉状明胶 6g，水 3 大勺，香蕉 2 个，黄油 10g，白糖 2 大勺，柠檬汁半大勺，坚果类适量，枫糖适量

1 红薯去皮蒸好。粉状明胶在水中浸泡。

2 把蒸好的红薯和牛奶、枫糖放到搅拌机里搅拌。

3 将泡于水的明胶加热溶化。

4 把溶化的明胶放到搅拌机里继续搅拌。

5 分别盛入布丁杯里放冰箱硬化。

6 把香蕉切好，放入抹了黄油的锅里，再加入白糖、柠檬汁半大勺，烤成油黄色，放到红薯布丁上面。

让人唇齿留香的茶杯烘焙

093

茄子焗饭

把健康食品茄子与富含膳食纤维的谷物饭变成可口的手拿食品。

材料 | **焗烤茄子 6 个**

谷物饭 1 碗，茄子 2 个，洋葱、红辣椒、南瓜 各 1/4，帕玛森芝士粉 1 大勺，奶油 40ml，胡椒适量，盐适量，披萨芝士适量

烤箱：190℃烘烤 20~25 分钟

1 准备一碗谷物饭。

2 将茄子三等分，用小勺掏出瓤，留下 7mm 厚的果肉。

3 南瓜去皮，切成小块。红辣椒、洋葱也切成小丁，放在锅里炒一炒。

4 洋葱变透明后加入奶油，再煮一会儿。

5 放入谷物饭和帕玛森芝士粉，一直炒到没有水分，再加入胡椒和盐。

6 然后将馅料塞入茄子，放上披萨芝士后，送入烤箱烘烤即可。

TIP 稍微没煮熟的谷物饭里放适量盐，味道会更好。

094

迷你红薯焗饭

外面是好吃的红薯，里面是泡菜和培根。

材料 | **迷你红薯焗饭 5 个**

红薯（稍微小的）2 个，泡菜 40g，培根 25g，牛奶 2 大勺，披萨芝士适量，干燥的荷兰芹适量

烤箱：220℃烘烤 10 分钟

1 红薯切成 4cm 长，蒸好后用小勺掏出肉。

2 培根切成小片。

3 选择泡菜白菜根的部位挤出水，切成小丁。

4 把泡菜和培根在没有放油的锅里炒一炒。

5 把掏出的红薯肉和泡菜、培根里加入 2 大勺牛奶搅拌均匀做成馅料。

6 把馅料装满红薯皮，撒一些披萨芝士后放烤箱里烘烤。趁热拿出来撒适量荷兰芹。

TIP 因为都是煮熟的食材，也可以放到平底锅里盖上盖子，用小火慢慢地加热至芝士熔化。

095

蔬菜蛋糕焗饭

用橄榄油炒的富含芝士的蔬菜蛋糕焗饭，可以替代主食。

材料 | **长 9cm × 宽 20cm × 高 6cm 的焗饭模具 1 个**

面团（低筋面粉 180g，发酵粉 5g，帕玛森芝士粉 50g，鸡蛋 3 个，葡萄籽油 30g，橄榄油 50g，牛奶 90ml，盐 1.5g，胡椒适量），馅料（紫洋葱 30g，火腿片 60g，红辣椒 30g，蒜头 30g，盐适量，胡椒适量），披萨芝士 100g

烤箱：180℃烘烤 30~40 分钟

1 紫洋葱、红辣椒、蒜头、火腿切成 1cm × 1cm 的小丁。

2 在涂油的锅里炒洋葱和蒜头，再加入火腿和红辣椒炒一炒，之后放一些盐和胡椒。

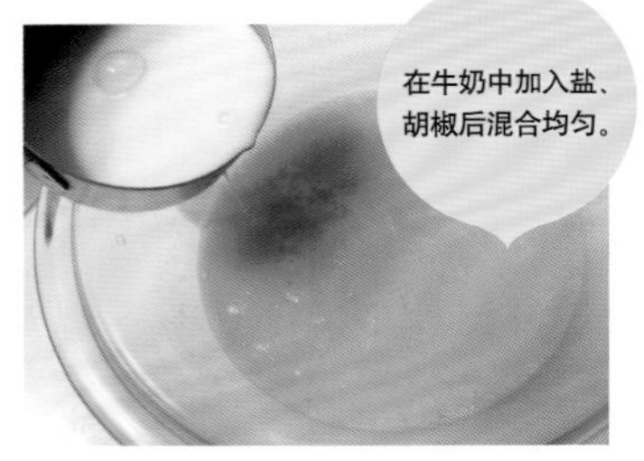

3 在小碗里用筛子筛下低筋面粉和发酵粉，再加入帕玛森芝士粉。在另一个碗里打一个鸡蛋，放葡萄籽油和橄榄油。

4 把油倒入盛有低筋面粉和芝士粉的小碗里，用搅拌器轻轻搅拌。

5 馅料冷却后留下一小把，剩下的馅和披萨芝士一起用饭勺搅拌。

6 用黄油在焗饭模具上抹一层，撒一些低筋面粉后把面放进去，再撒上预留的馅料，之后放进烤箱。

096

番茄谷物面包乳蛋饼

不需要面团，用冰箱里的材料简单制作，味道可口。

材料 | 12cm 蛋挞皮 2 个

小番茄 10 颗，谷物面包，适量菜花微煮，牛奶 50ml，奶油 50ml，鸡蛋 2 个，帕玛森芝士粉 2 大勺，盐适量，披萨芝士 40g，干荷兰芹

烤箱：180℃烘烤 20~25 分钟

1 准备 10 颗小番茄。

2 放在冷冻室里的面包和菜花解冻。

3 把番茄、菜花都放入蛋挞皮中，面包切成一口的大小放进去。

4 打一个鸡蛋，与奶油、牛奶、帕玛森芝士粉、盐一起混合均匀，分别放入蛋挞皮，撒上披萨芝士。

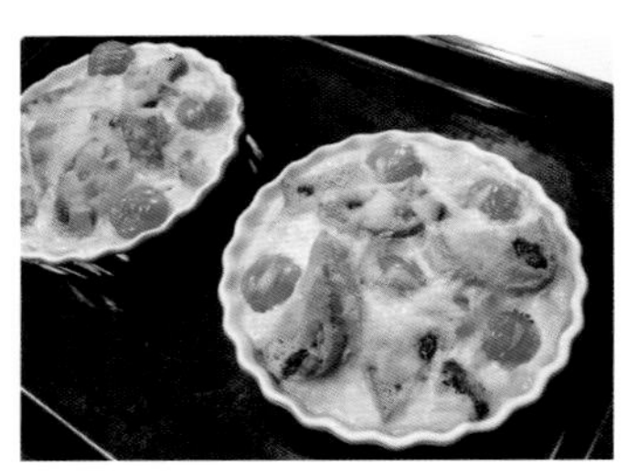

5 用烤箱烘烤之后，撒一些荷兰芹。

097

迷你紫薯多纳圈

紫薯具有丰富的花色苷和膳食纤维。
这次制作的是一口能吃下去的迷你多纳圈。

材料 | **迷你多纳圈 20 个**

紫薯 200g，黄油 10g，白糖 4 大勺，牛奶 1 大勺，鸡蛋半个，低筋面粉 1 杯，发酵粉一小勺，多纳圈涂粉（白糖、桂皮粉适量）

1 紫薯去皮后切成 1.5cm 左右大小，蒸好之后碾碎，趁热加入黄油。

2 再加入白糖、半个鸡蛋、牛奶，用饭勺混合。

3 加入低筋面粉和发酵粉，用饭勺搅拌。

4 揉成一团。

5 戴上一次性手套，将面团做成 3cm 大小的球形，在 160~170℃的热油中炸 2~3 分钟。

6 趁热撒上白糖和桂皮粉。

098

红薯蛋糕

没有烤箱也能用平底锅轻松烤出来的又甜又嫩滑的红薯蛋糕。

材料 |
白雪烤饼粉 150g，红薯半个（140g 左右），坚果类适量，鸡蛋 1 个，牛奶 1/4 杯，白糖 20g，黄油适量，白糖适量，糖粉适量

1 红薯不去皮，蒸到 80% 熟后，切成 4mm 厚的半圆。

2 在小碗中倒入牛奶、白糖、鸡蛋，用搅拌器搅匀，再加入白雪烤饼粉混匀。

3 加入葡萄干、蔓越莓等干水果搅匀。

4 平底锅里涂一层薄薄的黄油，撒适量白糖后，按相同方向加入半月形状的红薯。

没有锅盖的话，可以用铝箔纸覆盖。

5 把面团放在红薯上，盖上盖子，小火烘烤 6 分钟。面团膨胀，底部烤好之后，再翻面烤。

6 翻面后再用小火烤 1 分半左右。用碟子盛出来，撒一些糖粉。

TIP 选择底部较厚的锅，用小火烘烤。

099

南瓜布丁蛋糕

不需要黄油和面粉，用南瓜制作的柔软的布丁蛋糕。不需要用烤箱就能制作。

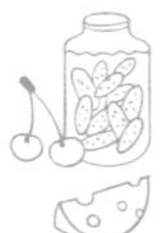

材料 | **15cm 的蛋挞皮 1 个**
南瓜 200g，枫糖 3 大勺，豆奶 150ml，粉状明胶 6g，水 2 大勺

1 准备豆奶和枫糖。

2 把明胶粉溶于水。

3 南瓜用微波炉蒸到只留下一点皮。

4 在搅拌机里加入豆奶、枫糖、蒸好的南瓜搅拌，再加入加热溶化的明胶。

5 在蛋挞皮里抹一些植物油，再铺开一大勺枫糖。

6 倒入南瓜布丁液体，放到冰箱里硬化。完成之后像切蛋糕一样切成几块，用奶油装饰。

100

艾草茶杯蛋糕

用小艾草制作的又香又柔软的茶杯蛋糕。

材料 | 4.5cm 杯 1 个

小艾草 120g，粳米粉 8 杯，水 6~7 大勺，白糖 7 大勺

准备物：锅，蒸器，筛子，碗 2 个，硅胶杯

1 清洗小艾草，除去水分之后，切成 2cm 长度大小的段。

2 加入 6 大勺水，用手搅拌均匀。用手攥成一团不会散开，水量就合适了。

3 用筛子筛过两次之后，将准备的白糖倒进去混合均匀。

4 加入小艾草混合均匀。

5 分装进几个杯子，铺平顶部，再用蒸器蒸。

6 焖一段时间之后，一个个放到盘子里。

TIP 用大火在蒸器里蒸 20 分钟，关火后焖 5 分钟。

101

豆类组合蒸蛋糕

加入了很多又香又甜蜜的豆类，
会让你想起从前的酒面包。

材料 | **迷你碗（宽 5cm × 长 13cm × 高 4cm）3 个**

豆类组合 100g，豌豆 20g，香菇 20g，白雪烤饼粉 200g，牛奶 150ml，鸡蛋 1 个，葡萄籽油 1 大勺，盐 1 小勺，白糖 2 大勺

1 倒水刚好没过所有豆类，加热煮熟，放一小勺盐、两大勺白糖，中火再熬制一段时间。

2 准备香菇粉。

3 在小碗里倒入鸡蛋和牛奶、葡萄籽油 1 大勺，混合均匀。

4 加入白雪烤饼粉和香菇，轻轻搅拌均匀至无颗粒。

5 熬好的豆类留下一小把，面团放入蛋糕模具里填满 80% 左右，把留下的豆类放在上面。

6 放到蒸器里用大火蒸 15 分钟。

TIP 为了保持豌豆的颜色，可以放适量盐一起熬制。

102

番茄茶杯面包

把健康食品番茄的营养保留在面包里。

材料 | **英格兰松饼杯 9 个**

番茄干 50g，干罗勒叶 2 小勺，高筋面粉 250g，牛奶 50ml，水 50ml，黄油 40g，鸡蛋 1 个，干酵母 5g，白糖 30g，盐一小勺

烤箱：180℃烘烤 13 分钟

1 准备一些番茄干，用橄榄油浸泡。

听到可以添加物品的提示音后，加入番茄干和高筋面粉。

2 在面包机里放入牛奶、水，再放入黄油、白糖、盐、鸡蛋、高筋面粉，最后加干酵母，选择面团选项，进行 1 次发酵。

3 用手掌按压面团，放出气体后，用勺分成 9 等份，舀出球状面团，盖上布保持 15 分钟。

4 再将面团揉成球形，放进松饼杯里，放在温暖的地方盖上布，进行第二次发酵。

5 让面团膨胀成 2 倍程度。

6 用烤箱烘烤。

103

红薯蛋挞

像茶杯蛋糕一样漂亮的红薯蛋挞里面包着柔软的红薯酱

材料 | 10cm 迷你蛋挞 5 个

蛋挞面团（高筋面粉 130g，发酵粉 1 小勺，白糖 70g，盐 1 小夹，黄油 80g，鸡蛋 2 个，牛奶 1 大勺），红薯酱（红薯 300g，白糖 5 大勺，奶油 6~7 大勺），装饰用食材（草莓酱、坚果类、樱桃、椰果粉适量）

1 红薯煮熟之后去皮，将其碾碎到没有颗粒，放进小锅里，加 5 大勺白糖，用中火把白糖熔化。

2 关火后加入鲜奶油，轻轻地搅拌均匀后，即可完成地红薯奶油。

放一小夹盐。

3 在常温下分 3~4 次加入白糖进行搅拌，再打一个鸡蛋分 3~4 次加进去，轻轻搅拌。

4 用筛子撒上低筋面粉和发酵粉，用饭勺轻轻搅拌，加入 1 大勺牛奶搅拌均匀。

5 在迷你蛋挞模具内侧抹适量黄油，撒一些低筋面粉。倒进面团填满 80% 左右，整理一下面团，使边缘稍微高于中间部分，烘烤之后拿出来冷却。

6 抹一些草莓酱，把红薯酱倒进裱花袋里，套上模具，挤出到蛋糕上面。把坚果类、樱桃切成丁放上去，再撒一些椰果粉。

104

海苔芝麻饼干

富含维生素 A 的海苔和富含维生素 E 的芝麻在一起，是口感很脆很香的饼干。

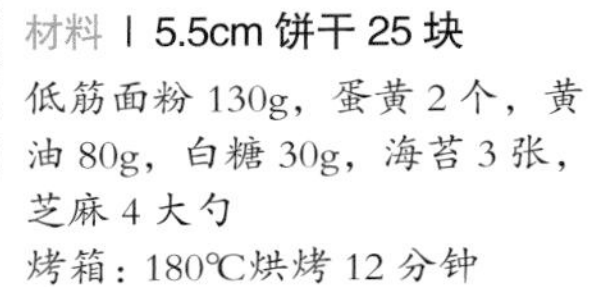

材料 | 5.5cm 饼干 25 块

低筋面粉 130g，蛋黄 2 个，黄油 80g，白糖 30g，海苔 3 张，芝麻 4 大勺

烤箱：180℃烘烤 12 分钟

1 打散的蛋黄分成 3 次加入，并打成柔软的奶油状。加入适量低筋面粉。

2 把撕成碎片的海苔和芝麻加进去，轻轻搅拌。

3 捏成一团。

4 做成鹌鹑蛋大小的小球，放到铺了羊皮纸的平底锅里。

5 在面团上面放一些切成四角形的羊皮纸，用量杯按压。

6 放入烤箱烘烤之后，放到冷却网上冷却。

105

榛仁南瓜饼干

含有甜美榛仁味道的黄色榛仁南瓜饼干
可以预防感冒，美容。

材料 | 5cm 大小的饼干 45 块
榛仁南瓜面团 100g，低筋面粉 2 杯，黄油 100g，白糖 5 大勺，南瓜籽 20g
烤箱：180℃烘烤 15 分钟

1 南瓜籽粗略捣碎。榛仁南瓜切成两半，掏出南瓜籽，蒸熟后，拿出 100g 趁热带皮碾碎。

2 在小碗里搅拌常温的黄油和白糖，用筛子撒一些低筋面粉。

3 加入碾碎的南瓜和南瓜籽。

4 简单搅拌之后捏成一团。

5 做成直径 5cm 左右的圆筒，用保鲜膜裹住，放入冰箱冻 30 分钟左右，变硬以后取出，在白糖上滚一下。

6 切成 5mm 厚度，放进烤箱烘烤。

106

凤尾鱼芝麻煎饼

很适合做配菜的凤尾鱼与芝麻放在一起，制作出脆脆的煎饼。

材料 | **4cm 的煎饼 30 个**

鸡蛋清 2 个，低筋面粉 3 大勺，黄油 20g，白糖 30g，凤尾鱼 25g，芝麻 15g

烤箱：180℃烘烤 11~12 分钟

1 将白芝麻和黑芝麻混合在一起。黄油加热熔化。

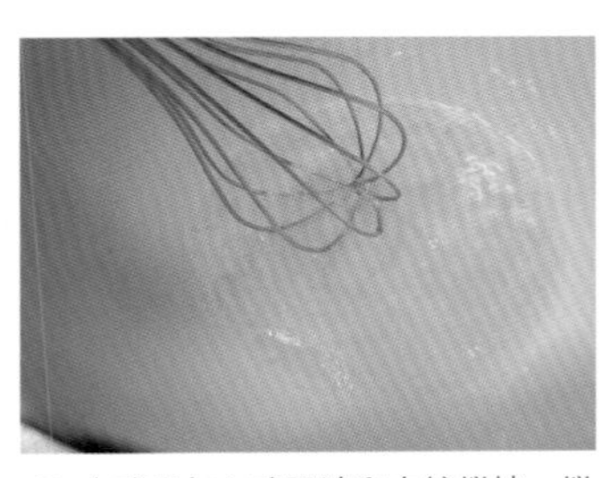

2 在碗里加入鸡蛋清和白糖搅拌，搅拌过程中不要产生泡沫。

3 倒入低筋面粉。

4 再加入凤尾鱼、芝麻和熔化的黄油，用饭勺搅拌均匀。

5 分别舀一勺到铺上羊皮纸的平底锅中，用饭勺铺开每个面团，做成 4cm 直径的圆饼，放入烤箱。

TIP 尽可能做得薄一些，烘烤后会更加好吃。

107

海带饼干

能帮助骨骼发育，预防肥胖的海带健康饼干。

材料 | 4.5cm 的饼干 30 块

海带粉 1 大勺，白雪烤饼粉 170g，杏仁粉 100g，白糖 30g，鸡蛋 1 个，牛奶 3 大勺，黄油 50g，装饰用杏仁片适量，巧克力条适量

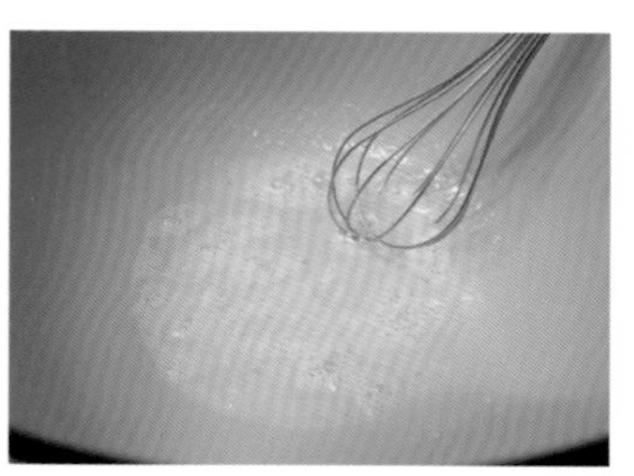

1 黄油提前放入微波炉里加热 30 秒左右熔化。在小碗里加入鸡蛋和白糖混合均匀。

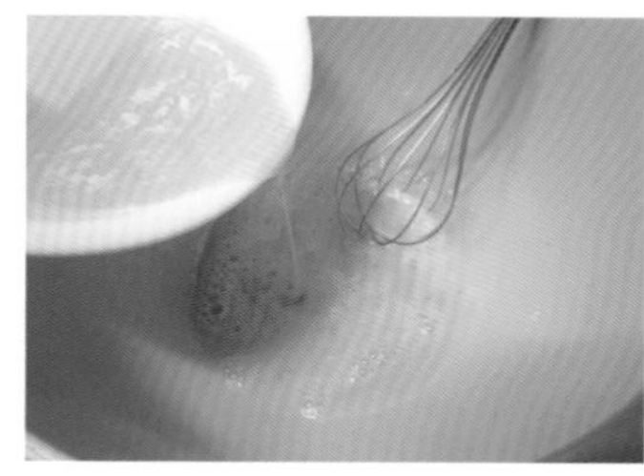

2 把熔化的黄油放进去。

3 把杏仁粉、白雪烤饼粉、海带粉、牛奶放进去用搅拌器轻轻搅拌。

4 用饭勺将上面的混合物弄成一团。

5 做成鹌鹑蛋大小的小球。

6 在顶部用杏仁片装饰。平底锅里垫上羊皮纸，盖上盖子用小火烘烤 8~10 分钟，再关火冷却 5 分钟左右。

108

海苔煎饼

有香喷喷的海苔味道，简单又好吃的煎饼。

材料 | 6cm 的煎饼 30 个

蛋清 2 个，低筋面粉 3 大勺，白糖 30g，黄油 20g，芝麻 4 大勺，海苔 2 张

烤箱：在 170℃烘烤 11 分钟

1 烘烤海苔，防止过热烤糊。烤好的海苔放到塑料袋子里搓碎。

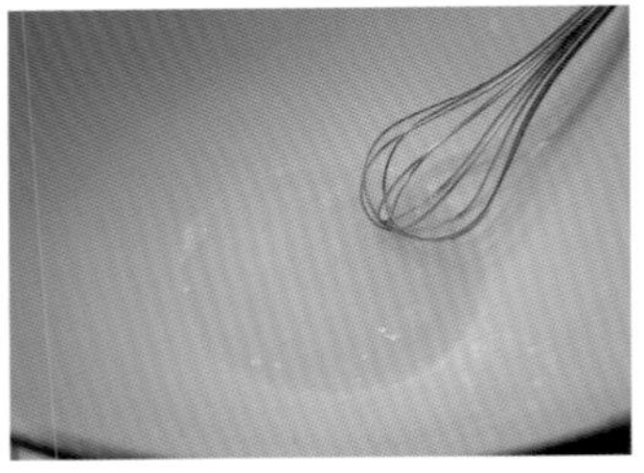

2 黄油加热熔化后。在小碗里加入蛋清和白糖，轻轻搅拌防止产生泡沫，同时溶解白糖。

3 用筛子撒低筋面粉。

4 加入熔化的黄油和芝麻，搅拌至均匀无颗粒。

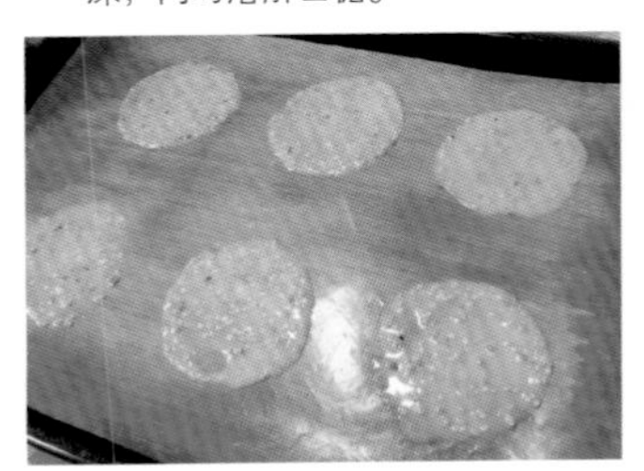

5 在平底锅里垫上羊皮纸，用大勺舀出面团，放到平底锅上，用勺子铺开成 5~6cm 大小圆饼。

6 把搓碎的海苔撒到每个圆饼上，放到烤箱烤好。

109

番茄蛋糕焗饭

加番茄的蛋糕焗饭微咸喷香。
不使用白糖和黄油，用芝士和鸡蛋挑出味道。

材料 | **松饼杯 5 个**

小番茄 100g，洋葱 1/2 个，青椒 1/2 个，火腿 40g，橄榄油适量，干罗勒叶适量，披萨芝士 20g，面团（低筋面粉 100g，发酵粉 3g，盐适量，鸡蛋 2 个，牛奶 100ml，帕玛森芝士粉 40g，沙拉酱 3 大勺）
烤箱：180℃烘烤 25 分钟

1 小番茄切成两半，洋葱、青椒、火腿切成 7mm×7mm 大小。

2 在锅里放适量橄榄油，然后加入洋葱和适量盐，炒到洋葱透明后再加入青椒和火腿。

3 加入小番茄和盐，再炒一段时间后撒入罗勒叶，放到一边冷却。

4 在小碗里放低筋面粉和发酵粉，再加入鸡蛋、适量盐，用搅拌器搅拌后再加入牛奶，用搅拌器搅拌均匀。

5 加入帕玛森芝士粉和沙拉酱，搅拌均匀。

6 倒进松饼杯，把炒过的番茄和蔬菜也放上去，放适量披萨芝士后，放入烤箱里烘焙。

110

红茶玛德琳蛋糕

加了蜂蜜，味道更加润泽的红茶玛德琳蛋糕可以用烤饼粉简单制作。

材料 | 7cm×3cm 的玛德琳蛋糕模具 6 个

白雪烤饼粉 100g，红茶包 2 包，黄油 80g，鸡蛋 2 个，蜂蜜 40g，白糖 40g，黄油适量，高筋面粉适量

烤箱：180℃烘烤 15 分钟

1 茶包里的红茶可以直接使用，叶子较大的红茶可以先切成碎片再使用。

2 在玛德琳蛋糕模具里抹一层黄油，撒适量高筋面粉。

3 在小碗里打鸡蛋，再加入蜂蜜、白糖，用搅拌器搅拌。将准备好的黄油在微波炉里加热 20 秒，熔化一半以后拿出来利用余热继续熔化，再倒入碗里。

4 加入白雪烤饼粉和红茶叶，用搅拌器搅拌均匀至无颗粒。

5 把面团倒入裱花袋，挤出到模具里 80% 左右，加入烤箱烘烤。

111

海带煎饼

可以品尝到大海味道的香香咸咸的海带煎饼
有助于消化，也可以预防便秘。

材料 | **直径 7cm 大小的煎饼 12 个**
海带粉 10g，鸡蛋清 2 个，黄油 30g，白糖 40g，低筋面粉 30g，黑芝麻，芝麻 1 大勺
烤箱：在 180℃烘烤 13~15 分钟

1 用筛子撒入低筋面粉、海带粉。

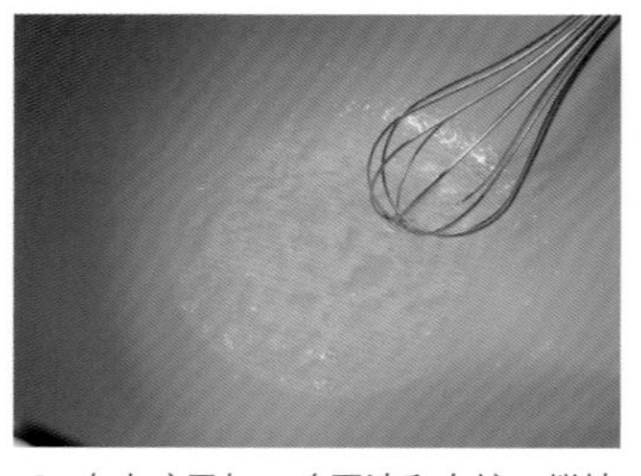

2 在小碗里加入鸡蛋清和白糖，搅拌均匀防止产生泡沫。

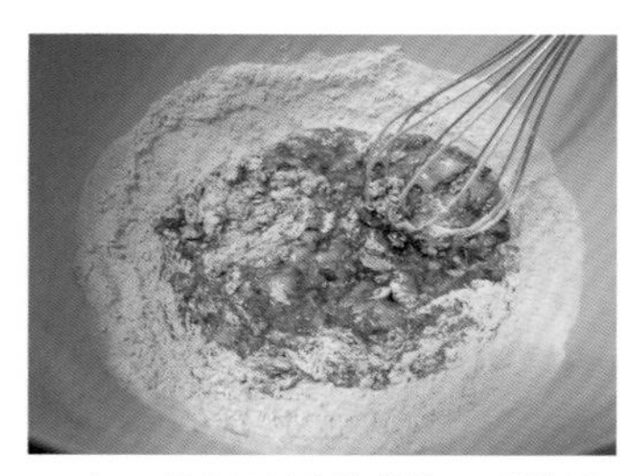

3 加入低筋面粉和海带粉，用搅拌器搅拌至均匀无颗粒。

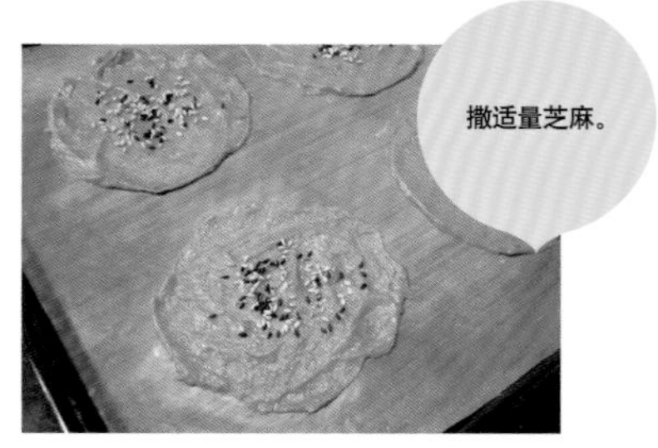

撒适量芝麻。

4 加入熔化的黄油，用硅胶饭勺混合均匀后在羊皮纸上做成 7cm 直径的圆饼，放入烤箱。

112

紫薯饼干

紫薯的味道和营养都原封不动的
漂亮的紫薯饼干。

材料 | **5cm 的饼干 24 块，3cm 的饼干 8 块**

紫薯 150g，黄油 50g，白糖 40g，鸡蛋 1 个，
低筋面粉 100g，发酵粉 1/3 小勺，鸡蛋水
（蛋黄 1 个，牛奶 1 大勺），芝麻适量
烤箱：170℃烘烤 15 分钟

1 紫薯去皮，切成 1.5cm 左右的厚度，蒸好之后碾碎。

2 在常温下加入黄油和白糖，混合后打一个鸡蛋，分 3 次加入。用筛子撒低筋面粉和发酵粉，加入紫薯一起混合。

3 装入塑料袋里在冰箱里冷藏 2 小时硬化。在菜板上撒一些低筋面粉，把面团按成 6mm 左右的厚度，用模具切出模样。

4 放到铺上羊皮纸的平底锅上，用叉子弄出洞，防止饼干膨胀。

5 抹一些鸡蛋水。

6 撒一点芝麻，放进烤箱烘烤。

2 POUNDS NET.

第三部

健康美味的零食

113

番茄条形披萨

用平底锅制作的简单的条形披萨。
像手拿食品一样拿在手里吃更加方便。

材料 | **条形披萨 12 个**
面包 3 张，小番茄 12 个，披萨酱，披萨芝士，干罗勒叶，橄榄油适量

1 切除谷物面包的边缘，切成 4 等份，做成 2.5cm×8cm 左右的长条。

2 小番茄要切除柄部，切成 3 等份。

3 在涂了橄榄油的平底锅里放上面包，表面撒一小勺橄榄油，用勺子抹上披萨酱，再放上切好的番茄片。

4 撒适量披萨芝士后打开盖子，用小火烤 8 分钟左右。芝士熔化后，撒一些罗勒叶。

114

迷你菠萝饭团

甜蜜的菠萝和蔬菜一起制作的迷你饭团。
不喜欢蔬菜的孩子们也能喜欢。

材料 | 4.5cm 的迷你松饼杯 9 个

米饭 1 碗，菠萝 100g，玉米 2 大勺，葡萄籽油 2 大勺，南瓜适量，大辣椒适量，盐适量，黑芝麻适量

南瓜只用带皮的果肉。

1 准备一碗米饭。菠萝切成 1cm×1cm 大小的小块，大辣椒和南瓜切成 7mm 的小丁。

2 加入一大勺葡萄籽油，先加入盐腌过的南瓜，再放大辣椒一起炒。

3 加入米饭后再加一大勺葡萄籽油，混合均匀，加入菠萝和玉米。

4 用大火炒，消除水分，加适量盐调味。

5 冷却一段时间后，捏成鹌鹑蛋的大小，倒入松饼杯子里。撒适量黑芝麻。

115

番茄饭团

用剩饭简单制作的番茄饭团。
会很惊人地清爽好吃。

材料 | **番茄饭团8个**

番茄（比小番茄大两倍）4个，米饭1碗，芝麻油1小勺，盐适量，芝麻适量，干罗勒叶适量，装饰用的小芽适量

1 选择比小番茄更大一点的番茄。将一碗米饭、芝麻油、盐、芝麻、罗勒叶等混合。

2 制作8个饭团。

3 番茄去梗，切成两半，用勺子挖出里面有籽的部分。

4 把做好的饭团填进去，再放一些小芽。

TIP 放适量吞拿鱼或者辣酱烤肉也很有味道。

116

迷你土豆披萨

不需要面粉或者烤箱，用土豆就能制作的漂亮的迷你披萨。

材料 | 3人份

土豆3个（较大的），培根60g，玉米罐头3大勺，青辣椒1/4个，菠萝1块，披萨酱4大勺，披萨芝士30g，帕玛森芝士适量

1 培根烤完后，用厨房纸吸出油，切成7mm×7mm大小的小粒。

2 青辣椒也切成培根粒的大小。准备披萨芝士。菠萝也切成小丁。

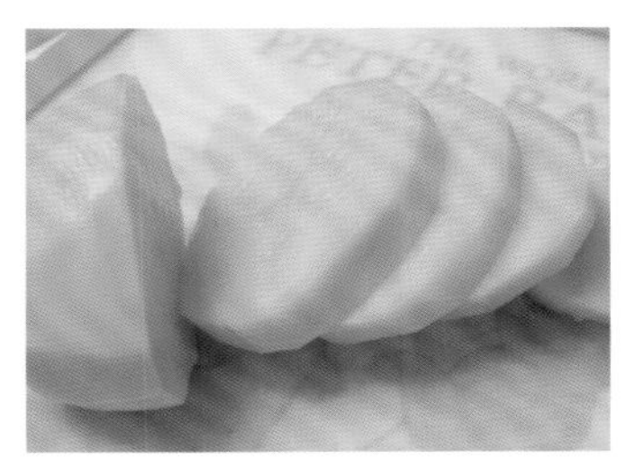

3 土豆去皮后，切成7mm大小的片，用水洗完放在筛子上。

4 在平底锅里用中火烤土豆，两面都烤。

完成后，最后再淋上帕玛森芝士。

5 在上面抹一些披萨酱，放上青椒、培根、菠萝、玉米。再放上披萨芝士，盖上盖子，用小火烤一段时间。

117

迷你番茄披萨

在小孩的生日派对中，或者在大人的小聚会上都能用上。

材料 | 4cm×4cm 大小的迷你披萨 12 个
番茄 1 个，谷物面包 3 片，培根 20g，青辣椒 1/4 个，黑橄榄 5 个，披萨酱 20g，披萨芝士 30g，橄榄油适量
烤箱：200℃烘烤 7~8 分钟。

1 培根烤一下，用厨房纸吸油，切成 7mm×7mm 大小的丁。黑橄榄也切成 3 片。

2 掏出番茄的籽，切成与培根粒差不多大的丁。青椒也切成相同大小的丁。

3 面包用四角形模具切出来。

4 在加入适量橄榄油的锅里放上面包烤一下。

5 铺上羊皮纸后放上面包，抹上披萨酱，在上面放培根、青辣椒、黑橄榄、番茄等，再放上披萨芝士，在烤箱烤 7~8 分钟。

118

大辣椒白米焗饭

用牛奶替代奶油，热量少，而且制作方法简单的焗饭。

材料 | 2人份

红色、黄色大辣椒各1个，南瓜适量，洋葱适量，米饭一碗，牛奶1/2杯，盐适量，胡椒适量，披萨芝士适量，油适量

烤箱：200℃烘烤8分钟

1 选择比较大又厚的大辣椒切除上面1/4部分，除去里面的籽。

2 把大辣椒切成丁，洋葱和南瓜也切成丁。

3 在涂了适量油的锅里炒切好的洋葱、南瓜和大辣椒。

4 加入准备好的牛奶和米饭，炒到没有水分，再加入盐和胡椒调味。

5 装入大辣椒里面，放适量披萨芝士，加入烤箱烘烤。

TIP 将水果、甜椒、原味酸奶制作而成的沙拉一起用甜椒盛装的话，不仅有助于消化，而且风味更佳。

119

迷你红薯披萨

不用烤箱，简单制作又甜又香的红薯披萨。

材料 |

红薯 1 个，披萨芝士 60g，法棍 8 块，小番茄适量，黑橄榄适量，煮好的菜花适量，培根、披萨酱、橄榄油适量

1 红薯洗好后，带皮切成 1cm×1cm 的小丁，在微波炉烤 3 分钟。用手把煮好的菜花掰成小块。

2 培根烤一下去除油分，切成 1cm×1cm 的小粒。

3 小番茄切成小粒。

4 黑橄榄切好消除水分。法棍抹上橄榄油，在锅里烤一下。

5 抹上披萨酱。

6 在上面放上红薯、培根、番茄、菜花、黑橄榄，再放两次披萨芝士和红薯，盖上锅盖，用小火烤 10 分钟。

柿饼柚子饼

加了柿饼和柚子，制作没有油分的松松软软的饼。

材料 | 6~7cm 大小的饼 5~6 个

面团（白雪烤饼粉 175g，鸡蛋 1 个，牛奶 85ml），馅料（柿饼或者干柿子 20g，柚子果肉 30g，坚果类 20g，枫糖 1 大勺），油适量

1 准备好柿饼、柚子果肉、坚果类等馅料，切成小丁。

2 倒入一大勺枫糖，一起混合。

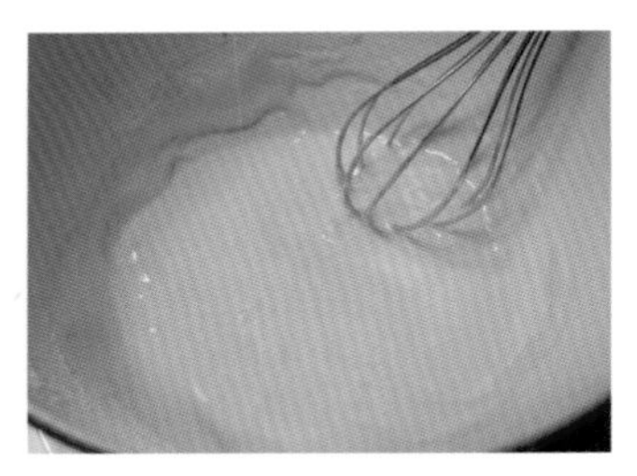

3 在碗里倒入准备好的牛奶，打一个鸡蛋后加入白雪烤饼粉，搅拌均匀无颗粒。

4 稍微加热一下锅，滴几滴油，用厨房纸抹匀，放入面团，铺成 6~7cm 直径大小，烤 1~2 分钟。放些馅料，再用面团盖住。

5 边缘粘着的饼，放到锅的边缘再烤。必须要用小火慢慢烤，才能让馅料也烤熟。

TIP 可以加入柚子果肉或者去除水分的柚子茶。

121

迷你金枪鱼乳蛋饼

可以代替主食或者作为早午饭的美味金枪鱼乳蛋饼。

材料 | **直径 7cm 的迷你乳蛋饼 6 个**

派面团（低筋面粉 50g，高筋面粉 50g，黄油 60g，凉水 40ml，盐 1 小夹），填充物（鸡蛋 2 个，牛奶 50ml，奶油 50ml，盐适量，胡椒、肉豆蔻、千罗勒叶、干荷兰芹适量），馅料（金枪鱼罐头 1/2 罐，小番茄 4 个，煮好的菜花适量），披萨芝士适量

烤箱：180℃烘烤 30 分钟

1 把冰凉的黄油与低筋面粉、高筋面粉、盐一起加入搅拌机里搅拌，中间加 2~3 次凉水。

2 做成面团后放入碗里捏成一团，在冰箱冷藏 2 小时。

3 用叉子弄出一些洞之后，铺上羊皮纸，上面再压上石头，170℃烘烤 15 分钟，拿出石头后再烘烤 10 分钟。

4 准备好去油的金枪鱼和切成 4 块的小番茄以及煮好的菜花。

5 把填充物的材料放一起用搅拌器搅拌。

6 把金枪鱼、番茄、菜花加入后，用勺子把填充物填满，撒上披萨芝士在烤箱里烘烤。

122

迷你香肠蔬菜饭团

利用剩饭和蔬菜的又脆又香的迷你饭团。

材料 | **2 人份**

米饭 2 碗，火腿片 100g，黄瓜 1 个，泡水的香菇 2 个，胡萝卜 1/4，芝麻油、盐、白芝麻、黑芝麻、植物油适量

1 黄瓜去皮后切成丁，撒盐腌制。

2 将火腿切成丁。

3 把干香菇泡水切丁。

4 将胡萝卜切成丁。

5 在锅里放适量植物油，把胡萝卜、香菇、一小勺盐加入去炒。

6 把米饭放到碗里，腌制的黄瓜挤出水后加入，再放入炒完的胡萝卜、香菇、火腿，加入芝麻油、适量盐、白芝麻、黑芝麻，再搅拌均匀，做成饭团。

123

柿饼芝麻糖饼

香喷喷的芝麻糖饼里面有甜美的柿饼。

材料 | **一口大小的芝麻糖饼 40 个**
芝麻 2 杯，柿饼 3 个，松子 1 把，开心果适量，大枣 5 颗，植物油适量，糖稀 1/2 杯，白糖 1/2 杯，盐适量

1 准备 2 杯芝麻，大枣去皮后切成小丁，柿饼也切成小丁。松子去皮，开心果也切成丁。

2 在较深的锅里加入糖稀、白糖、盐，熔化白糖。

若一次加入过多的果糖，会导致结块的情况发生，切勿一次加入，分次加入为佳。

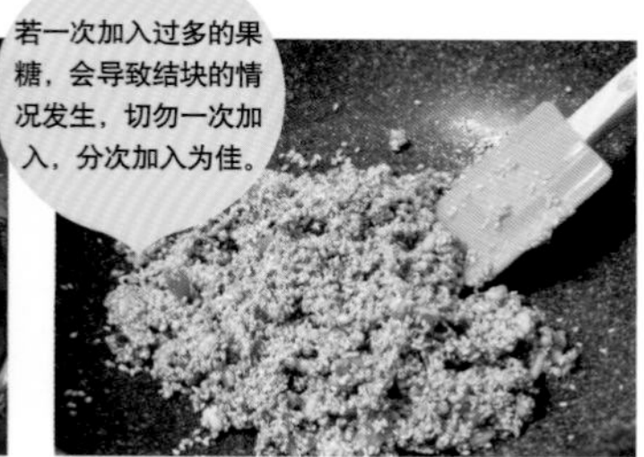

3 在另一个锅里加入糖稀 4~5 大勺，搅拌均匀，在小火里炒熟。

4 抹适量植物油，做成鹌鹑蛋大小的小球，放到抹了油的碟子上。

124

猕猴桃树形烤面包

像圣诞树一样漂亮的树形的水果烤面包，
使用了猕猴桃，味道更鲜美。

材料 | **猕猴桃烤面包 10 个**

面包 5 片，猕猴桃 3 个，草莓 3 个，奶油芝士，荷兰芹粉，椰子片，星星形状的糖

1 准备猕猴桃和草莓。

2 准备奶油和荷兰芹粉。

3 用模具切出树形的面包。压到底部，再用模具压一次，就能很好地分离出来。

4 猕猴桃和草莓切成 7mm × 7mm 大小的丁。

5 把切出来的面包放到锅里稍微烤一下。

6 在面包的边缘抹适量奶油，再抹一些荷兰芹粉，在上面涂匀奶油，再放猕猴桃和草莓。

125

谷物巧克力棒

像棒棒糖一样
黏稠又香甜的巧克力棒。

材料 | **巧克力棒 10~12 个**
巧克力板 50g，谷物早餐 80g，棉花糖 100g，杏仁片 50g，装饰用巧克力心形的糖粉适量，油适量

1 准备巧克力板、谷物早餐、杏仁片等。将它们都打成碎片，使其容易粘在表面。

2 准备棉花糖。

3 在耐热容器内放入棉花糖，在微波炉里加热 1 分 30 秒至 2 分左右，膨胀成 2 倍大小后，撒上三样碎片，快速揉成一团。

4 手里抹一些油，捏出 2.5~3cm 大小的小球。在完全硬化之前，插上木棍。

5 泡进熔化的巧克力里，在硬化之前撒上心形的糖粉。

TIP 做成小球的过程中，如果已经硬化，再放进微波炉加热 30 秒即可。

126

红薯糯米饼

不用面粉，使用当季的红薯和糯米粉，
凉了也不会硬化的美味馅饼。

材料 | **6.5cm 左右的馅饼 8 个**

红薯 2 个（稍微小的，每个约 250g）糯米粉 100g，水 130ml，白糖 3 大勺，盐 1/4 小勺，馅料（黑糖 3 大勺，坚果类 3 大勺），植物油，黑芝麻适量

1 将作为馅料的黑糖和坚果类切成小丁，提前混合在一起。

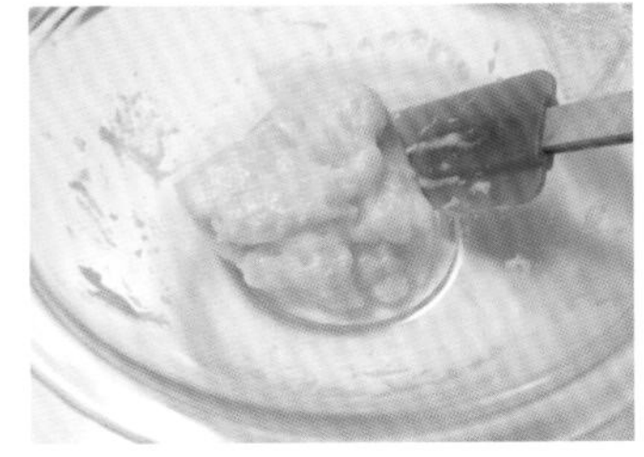

2 糯米粉加上水、白糖、盐，揉在一起，裹上保鲜膜之后加热 2 分钟后，再次搅拌均匀，加热 1 分钟就能完成糯米糕。

3 在碾碎红薯的碗里加入糯米糕揉匀。

4 两手套上一次性手套，抹一些植物油，将面团做成一团。

5 取出一点面团，铺成圆形之后，加入馅料，压成薄饼。

6 锅里涂上一层油，撒适量芝麻，把面团烤熟。

TIP 可以直接碾碎糯米替代糯米粉。

127

菠萝法式面包

用菠萝汁和菠萝制作的更清爽的法式面包。

材料 | 2人份

法棍4片，菠萝150g，菠萝汁150ml，鸡蛋2个，牛奶4大勺，白糖2大勺，植物油适量

1 准备菠萝汁150ml，鸡蛋2个，牛奶4大勺。

2 准备4片法棍面包。

3 将菠萝切成2cm×2cm的小丁。

4 把菠萝汁、鸡蛋、白糖、牛奶放在一起，混合均匀后，再加入法棍面包。

5 在加热的锅里放适量油，中火烤熟。

128

番茄巧克力棒

能与孩子一起制作的简单好吃的零食。

材料 | **番茄巧克力棒 12 个**
多种颜色的小番茄 12 个，杏仁片适量，黑巧克力 90g

1 准备稍微长一点的小番茄。

2 打碎杏仁片。

3 在锅里加入黑巧克力，加热熔化。

4 拿住小番茄的梗，2/3 部分涂上熔化的巧克力，再贴上一些杏仁片。

129

谷物香蕉球

用香蕉和谷物早餐制作的，孩子们喜欢的零食。
吃起来声音也很好听的香喷喷的健康零食。

材料 | **谷物香蕉球 20 个**

香蕉 3 根，面粉 4 大勺，谷物 60g，杏仁片 20g，鸡蛋 1 个，油适量

1 香蕉切成 2cm 厚的块。

2 将谷物早餐和杏仁片混合，放进塑料袋里用手挤碎。

3 将切好的香蕉、面粉和鸡蛋在碗里滚一滚。

4 将香蕉捞出来，在早餐谷物里翻滚一下。

5 锅里放油至能浸到香蕉块的一半，中火煎 1~2 分钟。

130

草莓团子

使用稍微熟透的草莓，制作又甜又黏的甜点。

材料 | 团子 16 个

草莓酱材料（草莓 300g，有机黑糖 150g），草莓团子材料（草莓 60g，糯米粉、粳米粉各 70g，盐一夹）

1 草莓洗干净后去梗，放到锅里，再加入黑糖，在小火里煮一段时间。

2 煮的过程中，把泡沫捞出，煮到黏稠状时关火，草莓酱就做好了。

3 为了制作草莓团子，把草莓洗干净，分成 4 份，将其他材料都放进碗里。

4 用手碾碎草莓，使其成一团。

用木棍串起来，撒一些草莓酱。

5 取出适量面团做成一口大小的小球，加入煮沸的水里，浮上来后再等 30 秒，用筛子捞出来浸泡在冷水里。沥去水分后再放到涂了一层油的盘子上。

131

绿茶团子

用香喷喷的绿茶和甜美的红豆酱制作的团子。

材料 | **团子 25 个**

糯米粉 2 杯，粳米粉 1 杯，绿茶粉 1 大勺，盐 2 小夹，沸水 1/2 杯，刨冰用的红豆酱、水果适量

1 准备绿茶粉。

2 将糯米粉和粳米粉加入碗里，再加入两小夹盐。

3 放适量绿茶粉，再放适量热水，做成面团。

用木棍串 4 颗，放到盘子上，再撒上刨冰用的红豆酱。

4 用面团做成小球，加入沸水里煮，浮出来后再等 30 秒，捞出用凉水冷却，沥去水分后放到涂了一层油的盘子上。

132

无花果全麦饼干

用富含膳食纤维的无花果和全麦烘烤的健康饼干。

材料 | 6.5cm 的饼干 10 块

全麦粉 50g，低筋面粉 50g，半干燥无花果 80g，鸡蛋 1 个（常温），黄油 30g（常温），蜂蜜 1 大勺半，盐 1 小夹，装饰用牛奶，黄糖适量

烤箱：180℃烘烤 15 分钟

1 半干燥的无花果按 7mm × 7mm 切成小丁。

2 将全麦粉、低筋面粉、黄油、蜂蜜、盐放入一个碗里，在常温下打入两个鸡蛋，做成面团。

3 撒适量全麦粉后，做成 20cm 长度的圆筒状面团，用刀子切成 10 等份。

4 加入半干燥的无花果，做成圆饼形状后，用手掌压一下，放入铺了羊皮纸的锅里。

5 用毛笔涂一些牛奶，再撒一点黄糖后在烤箱里烘烤。

TIP 将干燥的水果进行前处理，口感会更柔和更有风味。

133

菠萝司康饼

不用烤箱也能用平底锅制作的，又酸又甜的菠萝司康饼。

材料 | **司康饼 10~11 块**

菠萝 80g（生菠萝或者菠萝罐头），白糖 1 个半大勺，核桃 20g，高筋面粉 100g，低筋面粉 100g，发酵粉 1 小勺，盐 1/2 小勺，白糖 3 大勺，黄油 50g，鸡蛋 1 个，牛奶 50ml

1 菠萝切成 1cm × 1cm 大小，加入 1 个半大勺白糖，熬至没有水分。把核桃或者山核桃切成小丁。

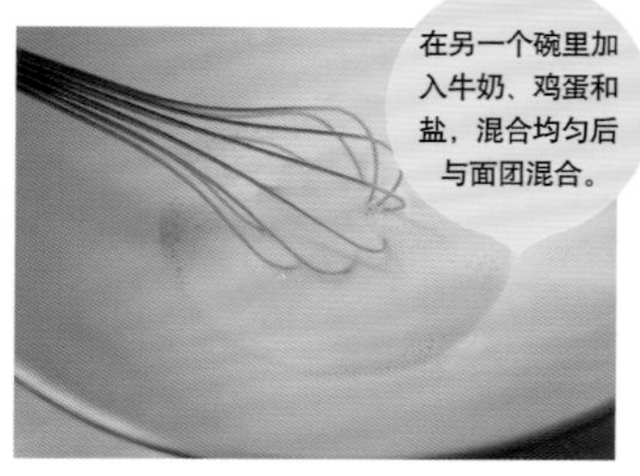

在另一个碗里加入牛奶、鸡蛋和盐，混合均匀后与面团混合。

2 将砂糖和奶油加入过筛的高筋面粉、低筋面粉和发酵粉中，制作成蛋饼皮状的面团。

3 再加入熬制的菠萝和核桃，混合成面团。

4 倒入塑料袋里，铺成 2cm 的厚度，放入冰箱 1 个小时以上。

5 把面团放到菜板上，撒适量高筋面粉，用模具切出来放到平底锅里，盖上盖子后，用小火烘烤。

6 翻过来后再盖上盖子烤 6 分钟，竖起来滚动烘烤 6 分钟。

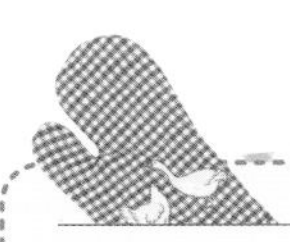

常见的问题与解答

Q 一杯和一大勺是多少呢?

A 我们国家将200ml的杯子叫做一杯。没有量杯的话，用纸杯也可以。一大勺是用饭勺取一勺，一小勺是用咖啡勺取一勺。

Q g和ml都是一样的重量单位吗?

A 固体使用g，液体使用ml。固体使用称，液体用量杯。

Q 板状明胶和粉状明胶该怎么使用?

A 粉状明胶要先加入水，再加入明胶粉才不会弄成一团。溶解的时候最好加热。用微波炉溶解的时候，不要加热超过10秒。板状明胶用凉水泡到刚刚没过明胶，泡到明胶的纹样消失后，把水分挤出来，加热溶化即可。

Q 没有粉状明胶的时候，板状明胶要用多少呢?

A 根据产品的不同，每张板状明胶的重量会有所不同，但一般都是2g左右。跟明胶粉的使用量一样即可。即如果明胶粉要用2g，那么就用一张2g的板状明胶就可以了。

Q 明胶是用什么做的?

A 用动物和鱼类的胶原蛋白中萃取出的蛋白质成分制作。

Q 胶粉是用什么制作的?

A 用海藻类在野外晒1~2周就能得到胶粉。胶粉没有任何热量，可以降低血脂，具有丰富的矿物质。

Q 黄油和鸡蛋不在常温下时，有没有快速熔化的方法?

A 把冷藏的黄油加入耐热容器，根据重量，每100g左右在微波炉里加热15~20秒，熔化到一半左右的时候，取出用余热熔化就可以了。 不能加热至完全溶化。鸡蛋就用温水提升温度。

Q 制作蛋清蛋白霜的时候需要注意什么?

A 首先把碗里的水分消除干净，搅拌器也要没有油分，才能制作比较硬的蛋白霜。要注意不能有蛋黄。开始搅拌后，出现泡沫后分3次加入白糖。

Q 果冻或者慕斯不能轻易从杯子里分离怎么办？

A 这种时候用牙签戳一下边缘，让空气进去，或者用热水浸一下杯子再试试分离。

Q 约会的时候想带上慕斯或者布丁，放在常温下是否可以？

A 冬天的时候布丁或者慕斯都没关系。夏天的时候，最好能放进保温箱里。有水果的话，保质期会更短。

Q 在冰箱冷藏保存的时候，怎么做才好？

A 用保鲜膜或者盖子盖上，可以防止水分流失，也可以防止与其他食物串味。

Q 是否能用掼奶油替代奶油？

A 奶油是 100% 的油性奶油，乳脂肪含量是 38%。烘烤或者做点心的时候用味道会很好。但是保质期很短。掼奶油的油性奶油含量是 99.6%，有乳化剂和酸度调节剂。口味会有点差，但是用国产牛奶制作的，用到点心上也可以。